चारा उत्पादन एवं संरक्षण

लेखक परिचय

डा. ब्रजेन्द्र सिंह मीणा का जन्म 1965 में जिला अलवर राजस्थान में हुआ एवं वर्तमान में राष्ट्रीय डेरी अनुसंधान संस्थान के डेरी विस्तार प्रभाग में वरिष्ठ वैज्ञानिक (कृषि प्रसार) के पद पर कार्यरत है। डा. मीणा ने कृषि विज्ञान स्नातक शिक्षा 1986 में राजस्थान विश्वविद्यालय, जयपुर तथा स्नातकोत्तर शिक्षा 1997 में राष्ट्रीय डेरी अनुसंधान संस्थान (मान्य विश्वविद्यालय), करनाल से प्राप्त की है। डा. मीणा ने अपनी विधा वाचस्पति (कृषि प्रसार) की शिक्षा 2004 में डा. भीमराव अम्बेडकर विश्वविद्यालय, आगरा से प्राप्त की है। अपने कार्यव्रत की शुरूआत डॉ. मीणा ने तकनीकी अधिकारी के रूप में राष्ट्रीय डेरी अनुसंधान संस्थान से की, तत्पश्चात वैज्ञानिक (कृषि प्रसार) के पद पर झांसी में 9 वर्ष अपनी सेवाएं दी। भारतीय चारागाह एवं चारा अनुसंधान संस्थान, एवं वरिष्ठ कृषि वैज्ञानिक (कृषि प्रसार) के रूप में 2008 से लगातार राष्ट्रीय डेरी अनुसंधान संस्थान करनाल में कार्यरत है। अपने कार्यकाल के दौरान विभिन्न राष्ट्रीय एवं अर्न्तराष्ट्रीय पत्रिकाओं में 65 से अधिक अनुसंधान पत्र प्रकाशित किए।

डॉ. राकेश कुमार का जन्म 1970 में जिला झुन्झूनू राजस्थान में हुआ एवं वर्तमान में राष्ट्रीय डेरी अनुसंधान संस्थान के चारा अनुसंधान एवं प्रबंध केन्द्र में वरिष्ठ वैज्ञानिक (शष्य विज्ञान) के पद पर कार्यरत है। डा. कुमार ने कृषि विज्ञान स्नातक एवं स्नातकोत्तर शिक्षा क्रमशः 1991 एवं 1995 में राजस्थान कृषि विश्वविद्यालय, बीकानेर से प्राप्त की है। डॉ. कुमार ने अपनी विधा वाचस्पती (शष्य विज्ञान) की शिक्षा 1999 में चौधरी चरणसिंह हरियाणा कृषि विश्वविद्यालय, हिसार से प्राप्त की है। अपने कार्यव्रत की शुरूआत कृषि अनुसंधान अधिकारी (शष्य विज्ञान) के रूप में कृषि विभाग राजस्थान सरकार से की जहां इन्होंने 15 वर्ष सेवाएं दी। डा. कुमार जून 2013 से लगातार वरिष्ठ वैज्ञानिक (शष्य विज्ञान) के पद पर राष्ट्रीय डेरी अनुसंधान संसथान करनाल में कार्यरत है। अपने र्कायकाल के दौरान विभिन्न राष्ट्रीय एवं अर्न्तराष्ट्रीय पत्रिकाओं में 25 से अधिक अनुसंधान पत्र प्रकाशित किए।

डा. हंस राम मीणा का जन्म 1974 में जिला दोसा राजस्थान में हुआ एवं वर्तमान में राष्ट्रीय डेरी अनुसंधन संस्थान के डेरी विस्तार में प्रभाग वरिष्ठ वैज्ञानिक (कृषि प्रसार) के पद पर कार्यरत है। डा. मीणा ने कृषि विज्ञान स्नातक 1997 में राजस्थान कृषि विश्वविद्यालय, बीकानेर से प्राप्त की है। डा. मीणा ने अपनी स्नातकोत्तर एवं विधि वाचस्पती (कृषि प्रसार) की शिक्षा क्रमशः 1999 एवं 2002 राष्ट्रीय डेरी अनुसंधान संस्थान (मान्य विश्वविद्यालय) करनाल से प्राप्त की है। अपने कार्यव्रत की शुरूआत वैज्ञानिक (कृषि प्रसार) के पद पर अपनी सेवाएं भारतीय पशु चिकित्सा अनुसंधान संस्थान, बरेली एवं वरिष्ठ कृषि वैज्ञानिक (कृषि प्रसार) के रूप में 2013 से लगातार राष्ट्रीय डेरी अनुसंधान संस्थान करनाल में कार्यरत है। अपने कार्यकाल के दौरान विभिन्न राष्ट्रीय एवं अर्न्तराष्ट्रीय पत्रिकाओं में 45 से अधिक अनुसंधान पत्र प्रकाशित किए।

चारा उत्पादन एवं संरक्षण

ब्रजेन्द्र सिंह मीणा
राकेश कुमार
हंसराम मीणा

SCIENTIFIC
PUBLISHERS

Published by:

साईन्टिफिक पब्लिशर्स (इंडिया)
5–ए, न्यू पाली रोड़, पो.बॉ.नं. 91
जोधपुर
E-mail-info@scientificpub.com
Website:www.scientificpub.com

Branch Office

साईन्टिफिक पब्लिशर्स (इंडिया)
4806/24, अंसारी रोड़, दरियागंज
नई दिल्ली–110002

ISBN: 978-81-7233-951-7

मूल्य–

टाईपसेट– समीर कम्प्यूटर
भारत से मुद्रित

आमुख

हमारा देश वर्तमान में 137.7 (2014–2015) मिलियन टन दूध का उत्पादन करके प्रथम स्थान पर है जो कि विश्व के कुल दुग्ध उत्पादन का 16 प्रतिशत है यह हमारे लिए गर्व की बात है। विश्व की कुल संख्या की 15 प्रतिशत गायें एवं 55 प्रतिशत भैंसे भारत में है तथा देश में कुल दुध उत्पादन का 55 प्रतिशत भैसों से एवं 22 प्रतिशत गायों से प्राप्त होता है। इसके बावजूद हमारे पशुओं की प्रति पशु दुग्ध उत्पादकता कुछ अन्य विकसित देशों की तुलना में बहुत कम है जिसे बढ़ाया जा सकता है क्योंकि इसमें सुधार की काफी गुंजाइश है। प्रारंभ से ही पशुधन का हमारे देश की अर्थव्यवस्था में एक महत्वपूर्ण योगदन रहा है। हमारे देश में पशुओं के लिए आवश्यक पौष्टिक आहार की वर्तमान में बहुत ही कमी हो रही है।

दसवीं योजना में हरे चारे की 60 प्रतिशत तथा सूखे चारे की 22 प्रतिशत की कमी आंकी गई। हमारे देश की कुल जोत के लगभग 4 प्रतिशत क्षेत्रफल में ही चारा उगाया जाता है। जबकि वर्तमान में 12 से 16 प्रतिशत क्षेत्रफल में चारा उगाने की आवश्यकता है। हमारे पशुओं द्वारा कम उत्पादन देने का मुख्य कारण उन्हे आवश्यक एवं पौष्टिक आहार का मिलना रहा है, यदि हम अपने पशुओं की चारे की आवश्यकता को पूरा करना चाहते है तो हमें भूमि के उक्त 12–16 प्रतिशत भाग पर चारे की फसलें उगानी ही होगी। शुष्क एवं अर्द्वशुष्क क्षेत्रों में पशुधन की बाहुल्यता है। यहां बंजर एवं लवणीय भूमि में चारा उगा कर 90 मिलियन टन घास की पैदावार की जा सकती है। इसके साथ ही बहुवर्षीय घास एवं चारा

वृक्ष लगाकर तथा फसलों के अवशेष को प्रसंस्करण से तैयार करके अच्छा चारा पैदा किया जा सकता है। हमारे पास संसाधन सीमित है किन्तु इन्हीं सीमित संसाधनों में ही पशुओं को भरपेट गुणवतायुक्त पौष्टिक चारा उपलब्ध करवाने में आने वाली कठिनाइयों का हल खोजना है।

हमारे वैज्ञानिकगण इस दिशा में सदैव चिन्तनशील है। वे पशुओं के लिए चारे की नई–नई प्रजातियों की खोज में प्रयासरत है। ताकि हमारे पशुओं को भरपेट पौष्टिक चारा आहार मिल सके। और इस खोज को किसान भाइयों तक पहुंचाना आवश्यक है। इस पुस्तक का उद्देश्य किसानों, पाठकों को चारा उत्पादन एवं प्रबंधन संबंधी सामरिक जानकारी प्रदान करना है। यह पुस्तक निश्चित ही पाठकों को उपयोगी साबित होगी, मुझे ऐसी आशा है। मैं इसके लेखकगणों को धन्यवाद देता हूँ।

अनिल कुमार श्रीवास्तव)

OOO

प्रस्तावना

विश्व के केवल 2 प्रतिशत भू–भाग पर भारतवर्ष में 15 प्रतिशत पशुधन पाया जाता है। यह इस बात का सूचक है कि अन्य देशों की तुलना में संसाधनो पर पशुधन का दबाव भारत में अधिक है। हमारे देश में भूमि के अन्य प्रतिस्पर्धात्मक उपयोग जैसे अन्न उत्पादन, शहरीकरण एवं औद्योगिकरण के कारण चारा उत्पादन हेतु उपलब्ध भूमि का क्षेत्रफल लगभग 8.4 मिलियन हैक्टयर स्थिर बना हुआ है। चारा उत्पादन की अपनी सीमाओं के कारण क्षेत्रफल वृद्धि की संभावनाएं बहुत कम या नहीं के बराबर है। इन परिस्थितियों में प्रति इकाई क्षेत्रफल उत्पादकता बढ़ाकर ही हम पशुधन की चारे की आवश्यकता पूरी कर सकते है।

वर्तमान में चारा फसलों की उत्पादकता बहुत कम है। विभिन्न आदानों एवं संसाधनों का प्रयोग चारा फसलों में बहुत कम एवं सीमित मात्रा में किया जाता है। साथ ही चारा उत्पादन हेतु हमारी निर्भरता अकृषि भूमि, चारागाह भूमि एवं समस्याग्रस्त भूमि आदि पर बहुत ज्यादा निर्भर है। इन क्षेत्रों में घासों एवं वृक्षों की उत्पादकता कम है। चारा फसलों, घासों एवं वृक्षों के उत्पादन की शष्य तकनीकियों के सहज एवं सुलभ भाषा में उपलब्ध न होना भी कम उत्पादकता का मुख्य कारण है। हमारे देश में चारे की उपलब्धता के समय व स्थान दोनों के साथ विभिन्नता बहुत ज्यादा है अतः चारा संरक्षण कर जब व जहां चारे की कमी हो उपयोग कर पशुधन की उत्पादन एवं प्रजनन क्षमता को बढ़ाया जा सकता है।

वर्तमान पुस्तक, "चारा उत्पादन एवं संरक्षण" में उपरोक्त परिस्थितियों को ध्यान में रखकर मुख्य चारा फसलों के साथ–साथ विशेष परिस्थितियों यथा अकृषि भूमियों, चारागाह भूमि एवं समस्याग्रस्त भूमि में उगाए जाने

वाली घासों एवं वृक्षों के बारे में विस्तृत जानकारी दी गई हैं। पुस्तक में सूचनाओं को सरल एवं सारगर्भित रूप में हिन्दी भाषा में प्रस्तुत करने का प्रयास किया गया है। फिर भी लेखकगण पुस्तक के सुधार हेतु समालोचनाओं एवं सुझाओं का स्वागत करते हैं।

लेखकगण

OOO

अनुक्रमणिका

1. पशु पोषण में चारा उत्पादन का महत्व.............................. 1
2. बाजरा *(Pennisetum typhoides)*.............................. 7
3. ज्वार *(Sorghum bicolor)*.............................. 10
4. मक्का *(Zea mays)*.............................. 16
5. ग्वार *(Cyamopsis tetragonoloba)*.............................. 20
6. लोबिया *(Vigna sinensis)*.............................. 23
7. जई *(Avena sativa)*.............................. 26
8. बरसीम *(Trifolium alexandrinum)*.............................. 30
9. रिंजका *(Medicago sativa L.)*.............................. 34
10. कृषि भूमियों में घासों का उत्पादन.............................. 37
11. अकृषि भूमियों में घासों का उत्पादन.............................. 51
12. चरागाह का विकास एवं प्रबंधन.............................. 57
13. चारा वृक्ष व झाडियॉ.............................. 63
14. वन चरागाह पद्धति.............................. 77
15. उन्नतशील चारा प्रजातियों का विकास एवं उपयोग...... 89
16. समस्याग्रस्तयुक्त भूमि पर चारा उत्पादन.............................. 95
17. चारा संरक्षंण.............................. 99

संदर्भिका.............................. 125

1

पशु पोषण में चारा उत्पादन का महत्व

हमारे देश में लगभग 56 प्रतिशत लोग गॉव में रहकर, कृषि, पशुपालन व इन पर आश्रित लघु उद्योग धन्धों को अपनाकर जीवन यापन करते हैं। राष्ट्र की आय का एक बड़ा हिस्सा इनसे प्राप्त होता है। केवल पशु पालन से ही कुल वार्षिक आय का लगभग 20 प्रतिशत प्राप्त होता है। मिश्रित खेती में पशु, बहुत से कृषि उपजों को मूल्यवान पदार्थो में बदलते हैं, जिससे ग्रामीण जनता को रोजगार तो मिलता ही है, साथ ही उनकी आमदनी में वृद्धि होती हैं।

भारत में पशुओं की बहुत बड़ी संख्या है, परन्तु इनसे कुल उत्पादन व प्रति पशु उत्पादन विकसित देशों की अपेक्षा बहुत कम होता है। कम उत्पादन का मुख्य कारण पशु पोषण एवं प्रबन्धन है जिसका लगभग 65 प्रतिशत प्रभाव उत्पादन पर होता हैं। अनुवांशिकी का प्रभाव केवल 35 प्रतिशत ही होता है (आचार्य 1982)। पशु पोषण में फेरबदल करके उत्पादन में ज्यादा वृद्धि संभव हैं। अनुवांशिकी विधियों द्वारा उत्पादन क्षमता में वृद्धि तो कर सकते हैं, परन्तु सन्तुलित पोषण के अभाव में क्षमता का समुचित उपयोग संभव नहीं हैं।

कृषि अनुसंधानों व देश की स्वतंत्रता प्राप्ति के बाद ग्रामीण विकास के लिए किये गये प्रयासों के फलस्वरूप हरित क्रान्ति तो संभव हुई परन्तु सस्ते पशु आहारों के अभाव के कारण पशु उत्पादन का लक्ष्य प्राप्त नहीं हो पाया।

अकोशीय अमीबा से लेकर मनुष्य तक सभी प्राणियों को भोजन की निरन्तर आवश्यकता पड़ती है। जिसके पूर्ण अभाव से प्राणी कमजोर होकर

मृत्यु को प्राप्त हो जाता है। शरीर में निरन्तर विभिन्न क्रियाएं जैसे रक्त परिवहन, श्वसन, हृदय का धड़कना तथा कोशिकाओं में पुरानी प्रोटीन का विघटन व नई आवश्यक प्रोटीनों का निर्माण, अनावश्यक पदार्थ को बाहर निकालना व रूधिर से आवश्यक तत्वों का अन्तर्ग्रहण आदि क्रियायें होती रहती है। किसी भी क्रिया को सम्पन्न करने के लिए ऊर्जा की जरूरत पड़ती है, अतः खाद्य पदार्थ ही विघटन के बाद यह उर्जा प्रदान करते हैं। साथ ही साथ शरीर वृद्धि के लिए व किसी भी अन्य निर्माण जैसे दुध, मांसपेंशियां, ऊन आदि के लिए प्रोटीन की आवश्यकता होती है। उपरोक्त दोनों अभिक्रियाओं में कुछ पदार्थ उत्प्रेरण का कार्य करते हैं। इनमें कुछ अकार्बनिक तत्व व विटामिन होते है। ये तत्व कई दूसरी क्रियाओं जैसे –हड्डियों (कंकाल) का निर्माण, नये उतकों की रचना, परासरण दाब में अनिवार्य हिस्सा लेते हैं। अतः स्पष्ट है कि शरीर क्रियाओं को सुचारू रूप से चलाने के लिए प्रोटीन व अकार्बनिक आदि तत्वों (खनिज तत्वों) की आवश्यकता होती है। उर्जा, कार्बोहाइड्रेट व वसा जैसे पदार्थ से मिलती है। आहार में स्थित इन सब पदार्थ को घोल बनाने के लिए विलायक जल जो शरीर का सम्पूर्ण वसा व लगभग 50 प्रतिशत प्रोटीन भी उपवास के कारण घट जाये तों पशु जीवित रहता है, परन्तु पानी का ह्रास 10 प्रतिशत से अधिक होने पर मृत्यु निश्चित है। अतः शरीर क्रियाओं के लिए पानी अत्यन्त महत्वपूर्ण है।

पानी, कार्बोहाइड्रेट, वसा, प्रोटीन, खनिज तत्वों को शुद्ध यौगिकों के रूप में पशुओं को खिलाने से इनका विकास रूक जता है, तथा ये कई बिमारियों के शिकार हो जाते हैं। प्राकृतिक खाद्यों में कुछ कार्बनिक यौगिक भी पाये जाते है जिनके बिना जीवन कायम नहीं रखा जा सकता है। इन यौगिकों को जिनकी आहार में थोड़ी सी ही मात्रा पर्याप्त होती है, विटामिन का नाम दिया गया है। यह नाम फन्क नामक वैज्ञानिक ने 1912 में दिया। अतः उपरोक्त विवरण से स्पष्ट हो जाता है कि पानी, कार्बोहाइड्रेट, प्रोटीन, वसा, खनिज तत्व व विटामिन पशु को जीवित रखने व उत्पादन हेतु आवश्यक है। ये सब पोषक तत्व कहलाते हैं।

पशु पालन मुख्यतः दूध, ऊन, मांस, चमड़ा, सवारी, कृषि कार्यों, खाद,

मनोरंजन आदि के लिए किया जाता है। इस व्यवसाय में लगभग 70 प्रतिशत पशुओं के खिलाने पिलाने के लिए सस्ते तथा पोषक कृषि व सम्बन्धित उद्योगों के उपजो का अधिकाधिक उपयोग करना चाहिए। भारत में जहॉ जनसंख्या बहुत है, तथा खाद्यान्नों का उपयोग मानव भोजन के लिए होता है, यह और भी जरूरी हो जाता है कि पशुओं को कृषि उपजो को ही खिलायें। यह स्थिति विकसित देशों में नहीं है अतः पशु पालन के लिए उन देशों में भरपूर अन्न उपलब्ध है। हरे चारे भी पर्याप्त मात्रा मे उपलब्ध है। साथ ही भारत की जलवायु उष्ण कटिबन्धी होने के कारण इनकी पौष्टिकता भी कम होती है। हमारे पशु भी गर्म जलवायु के कारण कम खाते है, तथा उनमें उत्पादन भी कम होता है, यही कारण है कि ठण्डे देशों में उपयुक्त पोषण प्रणाली को ज्यों की त्यों प्रयोग करना भारत में संभव नही होता।

पौधों में विशेषकर हरे पौधों में पोषक तत्व की भरपूर मात्रा पायी जाती है। अतः पशु आहारों में इनका प्रथम स्थान है, इनके अतिरिक्त दाना मिश्रण की भी कुछ मात्रा मिलानी पड़ती है, जिससे पशु संतुलित आहार प्राप्त कर सके। इस आहार में पशु की आवश्यकता के अनुसार सभी पोषक तत्व उपयुक्त मात्रा में मौजूद होने चाहिए। इनकी अधिकता अथवा कमी दोनो ही आर्थिक हानि का कारण बनती है।

फसल उत्पादन और पशुपालन व्यवसाय भारतीय कृषि के आधार भूत स्तम्भ हैं। पशुपालन व्यवसाय में 60–65 प्रतिशत खर्चा पशु पोषण पर आता है। पशुपालक अपने फार्म पर चारे वाली फसलों की खेती करके इस खर्चे को कम कर सकते हैं। आर्थिक दृष्टि से हरे चारे, पशु पोषक तत्वों के सस्ते स्रोत हैं। हरा चारा पशुओं को खिलाने से पशु स्वस्थ एवं प्रजनन योग्य बना रहता है, पशुओं की उत्पादक क्षमता लम्बे समय तक बनी रहती है। पशु पालन व्यवसाय की वृद्धि एवं विकास में चारा उत्पादन अहम भूमिका निभाता है। चारा फसलें मुख्यतः दलहनी एवं घास कुल से सम्बंधित होती हैं। दलहनी फसलों में प्रोटीन, कैल्सियम, मैंगनीशियम और फास्फोरस की मात्रा अधिक होती है, जबकि घास कुल की फसलों में रेशा और कार्बोहाइड्रेट (शर्करा) भरपूर मात्रा में होता है (तालिका–1)। पशुओं

को संतुलित आहार के लिये दलहनी एवं घास कुल की फसलों के चारे का मिश्रण खिलाना चाहिए। भारतवर्ष में क्षेत्र अनुसार मुख्य चारा फसलें निम्न हैं:

उत्तर भारत : ज्वार, मक्का, जई, बरसीम, सैंजी, लोबिया, राई घास, आदि।

पश्चिम एवं मध्य भारत : बाजरा, ज्वार, मक्का, ग्वार, लोबिया, जई, जौ, रिंजका, बरसीम, गिनी घास आदि।

पूर्वी भारत : मक्का, पैरा एवं संकर हाथी घास, जई, राईसबीन, बरसीम आदि।

दक्षिणी भारत : मक्का, ज्वार, संकर हाथी घास, स्टाइलो, लोबिया आदि।

OOO

तालिका : हरे चारों की रासायनिक संरचना व पोशक मान (शुष्क पदार्थ)

	कच्चा प्रोटीन	रेशा ई.	एन.एफ.	वसा प्रोटीन	पाच्य तत्व	कुल पाच्य	कुल खनिज	कैल्शियम	फास्फोरस
बरसीम	15.4	26	35.8	2.3	12.5	59.1	20.2	1.6	0.3
लोबिया	28.1	26.6	33	3.0	20.2	62.1	9.1	1.4	0.3
लोबिया (फूल आने से पहले)	18.5	25	70.2	2.6	-	-	10.5	-	-
चाईजीन कैबज	20.8	16.9	42.6	2.3	-	-	17.2	1.8	1.0
ग्वार	18.1	31.9	37.6	1.8	6.1	48.8	10.4	2.4	0.3
लूर्सन	19.9	29.9	34.6	1.8	15.9	57.7	14.1	2.0	0.3
बाजरा	6.9	31.8	48.9	1.5	4.3	59.2	10.8	-	-
मक्का	6.7	35.9	47.0	2.0	4.1	67.7	8.1	0.5	0.2
जई	9.9	26.6	50.5	2.2	7.1	69.7	10.8	-	-
ज्वार	7.7	32.3	49.6	1.7	3.4	54.0	8.1	-	-
ज्वार (फूल आने से पहले)	6.3	35.6	45.8	2.1	-	-	10.0	-	-
घास आदि									
ढैंचा	20.1	28.2	36.8	3.2	-	-	11.5	-	-
गिन्नी घास	7.8	38.8	37.0	1.1	5.8	65.0	15.5	0.5	0.3

गिन्नी घास (फूल के स्टेज)	8.9	36.5	44.5	1.5	-	-	8.5	-	-
हाईब्रिड नैपियर	10.3	24.9	46.2	3.2	-	-	15.2	-	-
पैरा घास	9.3	30.5	47.6	1.9	7.0	58.0	10.5	0.4	0.3
रोडस घास	9.3	36.1	42.1	1.1	5.1	58.4	11.0	0.3	0.1
सेन्जी	15.4	31.6	41.9	3.3	12.6	64.0	9.5	1.3	0.1
लैमन घास	6.6	34.3	51.3	1.4	0.6	49.7	6.2	0.2	0.0
स्ट्रीरिया	12.0	24.8	48.9	3.7	-	-	10.5	-	-
सूडान घास	8.8	27.9	42.9	1.6	4.3	48.5	8.0	0.2	0.1

2

बाजरा *(Pennisetum typhoides)*

बाजरा चारे एवं दानें की एक महत्वपूर्ण फसल है। बाजरे के चारे में प्रोटीन की मात्रा 10–15 प्रतिशत, चारे की पाचनशीलता 55–60 प्रतिशत, राख 17.6, ईथर निष्कर्षण 2.2, तक पाया जाता है। बीज की अवस्था में फसल काटने पर चारे में प्रोटीन तथा अन्य पौष्टिक तत्वों की मात्रा लगभग आधी रह जाती है। बाजरे में ऑग्जैलिक अम्ल (2–3 प्रतिशत) होने के कारण यदि पशुओं को लगातार अधिक समय तक खिलाया जाए तो उनके स्वास्थ्य में गिरावट आ सकती है।

जलवायु

बाजरा ऊष्ण कटिबंधी भागों की लोकप्रिय फसल है। इसे वर्षा तथा ग्रीष्म ऋतु में लगाया जाता है। इसे हल्की भूमि व कम वर्षा (120–150 मि. मी.) वाले क्षेत्रों में भी उगा सकते हैं। इसके लिए 400–500 मि.मी. वार्षिक वर्षा वाले क्षेत्र सबसे उपयुक्त हैं। बाजरा की फसल के लिये 30–50 डिग्री सेंटीग्रेड तापमान उपयुक्त रहता है। इसकी खेती राजस्थान, गुजरात, हरियाणा, महाराष्ट्र एवं मध्य भारत में की जा सकती है।

उन्नत किस्में

क्षेत्र	किस्में
सम्पूर्ण भारत	जाइन्ट बाजरा
महाराष्ट्र एवं मध्य भारत	जाइन्ट बाजरा
बाजरा उत्पादन करने वाले क्षेत्र	राज बाजरा चरी 2, चारा कुम्बु –8 (टी.एन.एस.सी.), एल–72, एल–74, डबलू.सी.सी.–75
गुजरात एवं राजस्थान	राजको

उन्नत किस्मों में बी.डी. 163, एल–72, के. 677, एल 74, राज बाजरा चरी – 2, "राजको" और जाइन्ट बाजरा किस्में अधिक उपज देने वाली है तथा इनमें बीज उत्पादन भी अच्छा होता है।

खेत की तैयारी

अधिक उत्पादन के लिये भमि समतल व उपजाउ होनी चाहिए। इसके लिये बलुई दोमट भूमि उपयुक्त है। देशी हल या कल्टीवेटर से जुताई करनी चाहिए तथा प्रत्येक जुताई के बाद पाटा जलाकर मिट्टी को भुरभुरा बना लेना चाहिए। प्रायः खेत में 3–4 जुताईयां करके मिट्टी को भुरभुरा बना लेना चाहिए।

बुवाई

असिंचित स्थानों पर चारे की बुआई मानसून के आरम्भ में करते हैं। सिंचित स्थानों पर बुआई मार्च में करते हैं। दक्षिण भारत में बाजरा अप्रैल–मई में बोया जाता है। बीज उत्पादन के लिए उसकी बुआई जुलाई के प्रथम सप्ताह से अगस्त मध्य सप्ताह तक की जा सकती है। बाजरे की बुआई प्रायः छिड़कवा विधि से की जाती है। सीडड्रील से बीजों को लाइनों में 25–30 से.मी. के अंतर पर बोते हैं। इसके अलावा बाजरे की फ़सल डिबलिंग व रोपाई द्वारा भी की जा सकती है। बीज की फसल को लाइनों में 50–50 से.मी. के अंतर पर बोना चाहिए तथा पौधों के बीच की दूरी 6–8 से.मी. होनी चाहिए। बीज की मात्रा 10–15 कि.ग्रा. प्रति हैक्टर लगती है। बीज बोते वक्त ध्यान रहे, कि बीज 3 से.मी. से अधिक गहरा न बोयें, साथ ही बुवाई के वक्त पर्याप्त नमी का खेत में होना आवश्यक है।

खाद तथा उर्वरक

भरपूर चारे के लिए बाजरे के खेत में उर्वराशक्ति की मात्रा अधिक होनी चाहिए। यदि संभव हो तो 150 क्विंटल गोबर की खाद प्रति हैक्टर की दर से बुआई से 15–20 दिन पहले मिट्टी में मिलानी चाहिए। अच्छी फसल के लिए 90–100 कि.ग्रा. नाइट्रोजन प्रति हैक्टर की दर से देनी चाहिए। 40–50 कि.ग्रा. नाइट्रोजन खेत में बुआई के समय तथा 25–30 कि.ग्रा. बुआई के 35 दिन बाद देना चाहिए। शेष भाग को कटाई के तुरन्त

बाद डालनें से पुनः वृद्धि अच्छी होती है। फास्फोरस तथा पोटाश की मात्रा मिट्टी की जाँच के आधार पर देना चाहिए। संकर बाजरे में बीज उत्पादन के लिए लगभग 40 कि.ग्रा. फास्फोरस तथा 25–30 कि.ग्रा. पोटाश देने से बीज की पैदावार अच्छी होती है। असिंचित क्षेत्रों में नाइट्रोजन की मात्रा कम होनी चाहिए। बाजरे से पूर्व दलहनी फसलें लेने से नाइट्रोजन की मात्रा में कटौती की जा सकती है।

सिंचाई

ग्रीष्म ऋतु में बोई गई फसल को सिंचाई की आवश्यकता रहती है। समयानुसार फसल को 15–20 दिनों के अंतर पर पानी देना चाहिए। मानसून में बोई गई फसल को सिंचाई की जरूरत नहीं होती । बरसात में खेत से जल निकास का उचित प्रबंध होना चाहिए।

कटाई प्रबंध

प्रायः बाजरे की चारे वाली फसल से दो कटाई लेते है। पहली कटाई बुआई के 50–60 दिनों बाद करनी चाहिए। बाद की कटाइयॉ गर्मी में 40 दिन के अन्तर पर तथा बरसात के मौसम में 30–35 दिन के अन्तर पर करे। फसल काटते समय पौधों को भूमि से 8–10 से.मी. की उंचाई पर कांटना चाहिए, जिससे पुनःवृद्धि शीघ्र हो सकें।

उपज

संकर किस्मों की चारे की उपज 600–700 क्विंटल प्रति हैक्टर होती है। बारानी क्षेत्रों में भी इसकी उपज 400–500 क्विंटल प्रति हैक्टर तक हो जाती है। दाने के लिए बोई जाने वाली फसल में दाने के अतिरिक्त 50–60 क्विंटल चारा प्रति हैक्टर प्राप्त हो जाता है। बीज उत्पादन वाली फसल में सामान्य रूप से चारे के लिए कटाई नहीं करते।

OOO

3

ज्वार *(Sorghum bicolor)*

भारत में खरीफ के चारे की फसलों द्वारा प्राप्त कुल चारे का लगभग 80–85 प्रतिशत ज्वार की फसल से प्राप्त होता है। ज्वार कम वर्षा वाले क्षेत्रों व विभिन्न प्रकार की भूमि पर उगाई जा सकती है तथा कई कटाई की जा सकती है। इसका चारा पर्याप्त रूप से पौष्टिक होता है। इसके हरे चारे में औसतन 4.5 से 6.5 प्रतिशत प्रोटीन, 31–32 प्रतिशत रेशा, 49–55 नाइट्रोजन रहित निष्कर्षण, 1.8–2.3 प्रतिशत ईथर निष्कर्षण, 0.32 से 0.50 प्रतिशत कैल्शियम तथा 0.22 से 0.24 प्रतिशत फास्फोरस पाया जाता है। ज्वार के हरे चारे को साइलेज तथा हरे चारे को सुखा कर हे एवं कड़वी के रूप में संरक्षित कर सकते हैं। मई से अक्टूबर माह तक ज्वार का हरा चारा प्राप्त किया जा सकता है।

वितरण

ज्वार का जन्म स्थान अफ्रीका माना जाता है। लेकिन भारतवर्ष में इसकी खेती पौराणिक काल से ही की जा रही है। ज्वार मुख्यतः महाराष्ट्र, मध्य प्रदेश, आन्ध्र प्रदेश, कर्नाटक, गुजरात, राजस्थान, तमिलनाडु, उत्तर प्रदेश, हरियाणा और पंजाब में पैदा की जाती है लेकिन चारा उत्पादन के लिये देश के सभी प्रान्तों में इसकी खेती की जाती है।

जलवायु

ज्वार साधारणतः वार्षिक वर्षा 350 से 600 मि.मी. वाले क्षेत्रों में अधिक उत्पादन देती है। बीजों के संतोषजनक अंकुरण के लिए 18–21 डिग्री सेल्सियस तापमान और ज्वार की वृद्धि के लिए 33–34 डिग्री सेल्सियस

तापमान की आवश्यकता होती है। ज्वार में सूखे एवं अधिक नमी का सामना करने की क्षमता भी होती है।

भूमि एवं भूमि की तैयारी

ज्वार की खेती लगभग सभी प्रकार की भूमि में ली जा सकती है परन्तु इसके लिए दोमट–बलुई दोमट तथा हल्की व औसत काली मिट्टी जिसमें जल निकास का अच्छा प्रबन्ध हो, श्रेष्ठ पाई गई हैं। भूमि का पी. एच.मान 6.5–7.5 तक उपयुक्त है तथा इसकी कुछ किस्मों को क्षारीय भूमि में भी उगाया जा सकता है। परन्तु ऐसी अवस्था में उपज में कमी आ जाती है। खेत की तैयारी करते समय एक जुताई मिट्टी पलटने वाले हल से तथा 3–4 जुताइयां देशी हल या कल्टीवेटर से करनी चाहिए, साथ ही प्रत्येक जुताई के बाद पाटा चलाकर मिट्टी को समतल व भुरभुरा बना लेना चाहिए।

उन्नत किस्में

क्षेत्र	किस्में
सम्पूर्ण भारत (अगेती से मध्यम, एककाट वाली)	पी.सी.–6, पी.सी.–9, एच.सी.–171, एच. सी.–260, एच.सी–308, पन्त चरी–5 (यू.पी.एफ.एस.–32)
उत्तर भारत (बहुकाट)	पी.सी.–23, पी.सी.–106 (हाइब्रिड)
उत्तर भारत (एककाट)	एल.–44, यू.पी.–2 (सिलेक्शन–278)
उत्तर प्रदेश, महाराष्ट्र, तमिलनाडु, आन्ध्र प्रदेश (एककाट)	यू.पी. चरी–1 (1 एस–4776)
मध्य प्रदेश (एककाट)	जे.सी.–6
मध्य प्रदेश (बहुकाट)	जे.सी.–69, एम.पी.चरी
महाराष्ट्र (एककाट)	सी.एस.वी.–15, सी.एस.एच.–139 (हाइब्रिड) चारा एवं दाना के लिये

महाराष्ट्र (मध्य समय)	परवनी स्वेता, एस.पी.एच.–981, आर. एस.एल.जी.–262
सर्दी के मौसम में ज्वार के क्षेत्रों सिंचित दशा में	एस.पी.एच.–1010 (सी.एस.एच.–19 आर, मध्यम समय) एस.पी.वी.–1359 (सी.एस.वी.–216 पच्छेती)
सम्पूर्ण भारत (पच्छेती, एककाट वाली)	एस.सी.–136, राज चरी–1
तमिलनाडू (दोकाट)	सी.ओ.–27
तमिलनाडू (बहुकाट)	टी.एन.एफ.एस.–9602 (सी.ओ.एफ.एस. –29)
उत्तर भारत (एककाट)	पन्तचरी (यू.पी.एफ.एस.–23)
गुजरात (दोकाट)	गुजरात चारा ज्वार–1
सम्पूर्ण भारत (बहुकाट)	मीठी सूडान (एस.एस.सी.–59–3), प्रो एग्रो चरी, एस.एस.जी.–988, सफेद मोती, एफ.एस.एच.–3, हरासोना, 855 एफ, एम.पी. चरी
पंजाब (बहुकाट)	पंजाब सुडेक्स, एल.एक्स.–250

बुवाई का समय

उष्ण एवं शीतोष्ण कटिबंधी जलवायु में वर्षा के आरंभ में ही ज्वार की बुआई करते हैं। सिंचाई के साधन उपलब्ध होने पर जून के प्रथम या द्वितीय सप्ताह में बुआई कर देनी चाहिए। दक्षिण भारत में रबी में ज्वार की फसल उगाने के लिए बुआई सितंबर–अक्टूबर में करते हैं। पंजाब, हरियाणा, राजस्थान, पश्चिमी उत्तर प्रदेश तथा समान जलवायु वाले क्षेत्रों में जून का अंतिम एवं जुलाई का प्रथम सप्ताह ज्वार की बुआई के लिए श्रेष्ठ माना जाता है।

बीज की मात्रा एवं बोने की विधि

ज्वार की बीज दर प्रायः बीज के किस्म पर निर्भर करती है। एक काट वाली किस्मों में बीज की दर 50–60 कि.ग्रा. और बहुकाट वाली किस्मों में

25–30 किलोग्राम प्रति हैक्टर होनी चाहिए। बुआई सीडड्रिल या हल से 20–30 से.मी. की दूरी पर पंक्तियों में करनी चाहिए। बुआई छिटकवां विधि से भी की जाती है परन्तु इसमें बीज की ज्यादा मात्रा की जरूरत होती है। बीज उत्पादन के लिए ज्वार की फसल जून के अंतिम सप्ताह से लेकर जूलाई के प्रथम सप्ताह तक बोते हैं। बीज लेने के लिये फसल को लाइनों में 50 से.मी. की दूरी पर बोना चाहिए और बीज की दर 16–20 कि.ग्रा. प्रति हैक्टर के हिसाब से खेत में डालनी चाहिए।

खाद व उर्वरक

अधिक उपज के लिये बुआई से लगभग दो सप्ताह पहले 100–120 कुन्टल गोबर की खाद डालनी चाहिए। साथ ही नाइट्रोजन की न्यूनतम मात्रा 60 कि.ग्रा.प्रति हैक्टर अवश्य देते है, ज्वार की खेती रिजका या बरसीम के पश्चात करते हैं तो यह मात्रा ही पर्याप्त होती है, अन्यथा नाइट्रोजन की मात्रा 90 कि.ग्रा. प्रति हैक्टर होनी चाहिए। कुल मात्रा का एक–तिहाई बुआई के समय, एक–तिहाई बुआई के पश्चात एवं शेष भाग 40–45 दिन बाद देते हैं। मिट्टी परीक्षण के आधार पर पोटाश और फास्फोरस की मात्राएं कम हो तो न्यूनतम 40–50 कि.ग्रा. फास्फोरस व 25–30 कि.ग्रा. पोटाश प्रति हैक्टर बुआई से पहले खेत की तैयारी के अंतिम चरण में छिटक कर अच्छी तरह मिला देना चाहिए। बहु कटाई वाली किस्मों में 60 किलो नाईट्रोजन, 40–50 किलोग्राम फास्फोरस, 25–30 किलोग्राम पोटाश बुवाई के समय खेत मे मिला दें। बाद मे प्रत्येक कटाई पर 40 किलोग्राम नाईट्रोजन अवश्य डालें। इन किस्मों को ज्यादा नाइट्रोजन की जरूरत होती है। बीज उत्पादन के लिए ज्वार की फसल में नाइट्रोजन की अपेक्षाकृत कम मात्रा की आवश्यकता होती है। चारे में प्रोटीन की मात्रा बढ़ाने के लिये 40 कि.ग्रा. यूरिया को 2000 लीटर पानी में घोलकर फसल काटने से 15–20 दिन पूर्व छिड़कना चाहिए।

सिंचाई

अप्रैल में बोई गई फसल में 15–18 दिन के अन्तर पर सिंचाई करनी चाहिए और सामान्य वर्षा कालीन फसल बिना सिंचाई के भी अच्छी

पैदावार दे देती है। जून में बोई फसल को मानसून आने तक एक या दो सिंचाई की आवश्यकता पड़ सकती है। इन सिंचाईयों के मध्य एक पखवाड़े का अंतर पर्याप्त होता है। सूखा पड़ने पर हर 20–25 दिन के बाद सिंचाई करनी पड़ती है।

कटाई प्रबंध

हे बनाने के लिए व हरे चारे के लिए पौधों को फूल या बूट आने की अवस्था में काटना चाहिए। इस समय पत्तियां हरी रहती हैं व चारे में पौष्टिक तत्व प्रचुर मात्रा में रहते हैं। बहु कटाई वाली किस्मों मे फसल की प्रथम कटाई बुआई के 50–60 दिन बाद आगामी कटाइयां 30–35 दिन के अंतर पर करते रहना चाहिए।

उपज

औसतन हरे चारे की पैदावार एक कटाई वाली किस्मों से 250–300 क्विंटल प्रति हैक्टर तथा बहुकटाई वाली किस्मों से 600–750 क्विंटल प्रति हैक्टर प्राप्त होती है। चारे के लिए ज्वार की बुआई लोबिया, मूंग, ग्वार या मौठ के साथ करने से, मिश्रित फसलों का उत्पादन ज्यादा होता है, साथ–साथ पौष्टिकता में भी वृद्धि होती है। चारे वाली ज्वार की किस्मों में बीज उत्पादन वाली फसल में हरे चारे की कटाई नहीं करते हैं। केवल बीज पक जाने पर कटाई की जाती है। बीज पैदावार औसतन 8–10 क्विंटल प्रति हैक्टर होती है। साथ ही 60–80 कुन्टल कड़बी या सूखा चारा प्राप्त हो जाता है।

हाईड्रोसाईनिक अम्ल की विषाक्तता

पौधों की प्रारंभिक वृद्धि की अवस्था में चारे में धुरिन नामक ग्लाइकोसाइड पाया जाता है, जिसकी मात्रा पौधों की वृद्धि के साथ–साथ कम होता जाता है। फसल बोने के 30 दिन के अन्दर और सतह के पास जड़ों से निकले नये कल्ला में धूरिन की मात्रा अधिक होती है। अतः ज्वार के चारे की कटाई पुष्पावस्था में करना लाभदायक होता है। प्रारंभिक वृद्धि की अवस्था में सूखे से मुरझाये पौधों को खाने से पशुओं की तुरन्त मृत्यु हो

जाती है। धुरिन पेट में टूटकर हाईड्रोसाईनिक अम्ल (परूसिक अम्ल) पैदा करता है। तने की अपेक्षा पत्तियों में हाइड्रोसाईनिक अम्ल की मात्रा अधिक होती है। यदि बुवाई के समय नाइट्रोजन की अधिक मात्रा डाल दी जाये तो नये पौधों में नाइट्रेट की अधिकता हो जाती है जिससे धूरिन की मात्रा बढ़ जाती है। एक मास की बोई फसल का 4–5 कि.ग्रा खाने से गाय की मृत्यु हो सकती है। चिकित्सा के लिए 15 मि.ली. सोडिएम नाईट्रेट का इन्ट्राविनस इन्जेक्शन तथा इसके बाद 75 मि.ली. 20 प्रतिशत सोडियम थायोसल्फेट का या 3 ग्रा. सोडियम नाइट्रेट और 15 ग्रा. सोडियम थायोसल्फेट का 200 मि.ली. पानी में विलय करके इन्जेक्शन लगाना चाहिए। हे और साइलेज में हाइड्रोसाइनिक अम्ल की विषाक्तता नहीं होती है। अतः वर्ष भर हरे चारे की उपलब्धता बनाऐ रखने के लिए साइलेज बनाकर खिलाना चाहिए।

OOO

4

मक्का *(Zea mays)*

मक्का का मूल स्थान मैक्सिको है। हमारे देश में मक्का का आगमन अमेरिका से हुआ है। मक्का के पौधों की लम्बाई 1.5 से 2 मीटर तक होती हैं। इसकी पत्तियों की लम्बाई व चौड़ाई क्रमशः 30–150 से.मी. और 5–15 से.मी. तक होती है। चारे के लिये मक्का एक आदर्श फसल है। यह तेजी से बढ़ने वाली, पौष्टिक, स्वादिष्ट एवं ज्यादा पैदावार देती है। पूरे साल इसकी फसल ले सकते हैं, तथा किसी भी अवस्था में इसमें कोई जहरीला पदार्थ नहीं पाया जाता। अतः हर अवस्था में इसे काटकर खिलाया जा सकता है। चारे में शुष्क पदार्थ के आधार पर 7–10 प्रतिशत प्रोटीन, 25–36 प्रतिशत रेशा, 2.09–2.60 प्रतिशत ईथर निष्कर्षण व 0.42–0.70 प्रतिशत कैल्सियम पाया जाता है।

जलवायु

इसके लिये प्रायः गर्म और नम जलवायु की आवश्यकता होती है, यह फसल 10 से 40 डिग्री सेल्सियस तक का ताप सहन कर लेती है। परन्तु सूखे व गर्म मौसम में फसल मुरझा जाती है।

भूमि एवं भूमि की तैयारी

मक्का की खेती के लिए गहरी दोमट जीवांश पदार्थ युक्त उपजाऊ भूमि सबसे उपयुक्त होती है। इसके लिए भूमि क्षारीय नहीं होनी चाहिए। इसकी पी.एच. मान 5.5 से 7.5 होना चाहिए। रेतीली दोमट में भी गोबर की खाद डालकर मक्का उगा सकते हैं। मक्का के खेत में भूमिगत पानी की सतह नीची तथा पानी निकास का पूर्ण प्रबंध होना चाहिए। एक जुताई

मिट्टी पलटने वाले हल से तथा 2–3 जुताइयां देशी हल या कल्टीवेटर से करे साथ ही प्रत्येक जुताई के बाद पाटा लगाकर खेत को भुरभुरा व समतल बना लेना चाहिए।

उन्नत किस्में

क्षेत्र	किस्में
सम्पूर्ण भारत	अफ्रीकन टाल, विजय कम्पोजिट, मोती कम्पोजिट, मंजरी कम्पोजिट, जवाहर।
पंजाब, हरियाणा	जे 1006,
उत्तर पश्चिम भारत	ए.–डी.ई.–क्यूबा
राजस्थान	प्रताप, मक्का चरी

खेत की तैयारी व बुआई

मक्का के खेत में भूमिगत पानी की सतह नीची तथा पानी के निकास का पूर्ण प्रबंध होना चाहिए। बुआई से पहले खेत की मिट्टी को हैरो या हल द्वारा जुताई करके भुरभुरा बना लेना चाहिए।

बुवाई का समय

मक्का के बीजों का अंकुरण भूमि के तापमान पर निर्भर करता है। उत्तर भारत में बुआई फरवरी के अंतिम सप्ताह से अगस्त माह के अंत तक करनी चाहिए। बसंत कालीन मक्का की बुआई फरवरी के अंत तक या मार्च के पहले सप्ताह तक कर देनी चाहिए जबकि तापमान 10–12 डिग्री सेल्सियस से नीचे न हो। वर्षा कालीन फसल की बुआई जून के अन्तिम सप्ताह से अगस्त तक की जा सकती है जिससे चारे की कमी वाले महीनों सितम्बर–नवम्बर में भी चारा उपलब्ध हो जाता है। दक्षिण भारत में बुआई वर्षा के किसी भी महीने मे की जा सकती है क्योंकि भूमि का तापमान अक्सर 14–15 डिग्री सेल्सियस से कम नहीं हो पाता। दक्षिण भारत में मक्का की 3–4 फसलें हरे चारे के लिए उगाई जा सकती है, परन्तु सितम्बर–अक्टूबर में बोई गई फसल अधिक चारा देती हैं।

बीज की मात्रा एवं बोने की विधि

चारे के लिए उगाई जाने वाली फसल में बीज की दर 40–60 कि.ग्रा. प्रति हैक्टर उपयुक्त है। बीजों को लाइनों में बोना चाहिए तथा लाइनों के बीच की दूरी 30 से.मी. तक रखनी चाहिए। छिटकवां विधि से बुआई में बीज की मात्रा अधिक लगती है तथा खरपतवार पर नियंत्रण करने में भी असुविधा रहती हैं। समान एवं एक जैसा अंकुरण के लिए बीजों को 2–3 से.मी. की गहराई पर बोना चाहिए। बसंत ऋतु में उथली बुआई करने पर भी अंकुरण संतोषजनक होता है। मिश्रित खेती के लिए मक्का के बीज की मात्रा 25–30 कि.ग्रा. व लोबिया की मात्रा 18–20 कि.ग्रा. रखनी चाहिए।

खाद व उर्वरक

चारे की फसल के लिए 100 कि.ग्रा. नाइट्रोजन तथा 40–45 कि.ग्रा. फास्फोरस प्रति हैक्टर देते हैं। फास्फोरस की मात्रा मिट्टी की जॉच के आधार पर घटाई–बढ़ाई जा सकती है। कुल नाइट्रोजन की 50 प्रतिशत तथा फास्फोरस की सम्पूर्ण मात्रा बुआई से पूर्व अंतिम हैरो या जुताई के समय खेत में मिला देनी चाहिए। शेष नाइट्रोजन बुआई के 30–40 दिनों के बाद लाइनों के बीच समान रूप से छिटक देनी चाहिए। बलुई या हल्की भूमि में नाइट्रोजन की मात्रा को 3–4 बराबर भागों में बांट कर देना चाहिए। यदि गोबर की खाद उपलब्ध हो तो 200–250 कुन्तल अच्छी तरह सड़ी हुई खाद प्रति हैक्टयर की दर से प्रथम जुताई के समय खेत में अच्छी तरह मिला दें।

सिंचाई

मक्का में जल की आवश्यकता ज्वार आदि फसलों से अधिक होती है। ग्रीष्म ऋतु में 10–15 दिन के अन्तराल पर सिंचाई करनी चाहिए। सर्दियों में सिंचाई का अन्तराल 20–25 दिन होना चाहिए। मक्का की अच्छी पैदावार के लिए 5–6 सिंचाईयां गर्मियों में और 3–4 सिंचाईयां बरसात में देना आवश्यक हैं। जल निकास की समुचित व्यवस्था होनी चाहिए।

कटाई

चारे के लिये मक्का की एक ही कटाई होती है क्योंकि हर बार कटने के बाद उसमें पुनर्वृद्धि की क्षमता नहीं होती। हरे चारे के लिए कटाई बुआई के 65–70 दिन बाद करते हैं। साइलेज के लिए मक्का की कटाई दुधिया दाना पड़ने की अवस्था में करते हैं। इस अवस्था में चारे में शुष्क पदार्थ तथा शर्करा की मात्रा अधिक रहती है।

उपज

मक्का के चारे की पैदावार 350–400 क्विंटल प्रति हैक्टर होती है। अच्छे फसल प्रबंध से इसकी उपज 400–500 क्विंटल प्रति हैक्टर तक भी हो जाती है। मक्का प्रति इकाई क्षेत्रफल एवं समय में अधिकतम हरा चारा पैदा करने की फसल है।

OOO

5

ग्वार *(Cyamopsis tetragonoloba)*

सूखे को सहन करने के कारण वर्षा पर निर्भर क्षेत्रों में ग्वार एक महत्वपूर्ण और अत्यन्त पौष्टिक चारे की फसल हैं। ग्वार का उद्‌भव स्थान भारत है। यह उत्तर भारत में अधिक लोकप्रिय है और उ.प्र., हरियाणा, पंजाब, महाराष्ट्र, राजस्थान और मध्य प्रदेश में उगाई जाती है। चारे के अतिरिक्त इसका गोंद बनाने में भी उपयोग होता है और मिट्‌टी की ताकत को भी बढाती है। ग्वार के चारे को फूल व फलियां बनने की अवस्था पर काटने में इसमें 13.2 प्रतिशत पाच्य प्रोटीन और 61.3 प्रतिशत कुल पाच्य पदार्थ होते हैं।

जलवायु

यह शुष्क क्षेत्र के लिए अच्छी फसल है। इसके लिये गर्म या कम आद्रता वाली जलवायु अच्छी रहती है। अच्छी तरह वितरित 150–200 मि. मी. वार्षिक वर्षा वाली जलवायु में भी फसल ली जा सकती है। कम अन्तराल पर हल्की–हल्की वर्षा तथा साफ आसमान वाली जलवायु ग्वार की वृद्धि के लिये अच्छी होती है।

भूमि एवं भूमि की तैयारी

ग्वार की बुआई के लिए दोमट से लेकर मटियार दोमट किस्म की मिट्‌टी उपयुक्त मानी जाती है। इसकी फसल 8.5 पी. एच. मान तक की भूमि में भी ली जा सकती है। एक जुताई मिट्‌टी पलटने वाले हल से करे तथा 2–3 जुताई हैरो या कल्टीवेटर से करके पाटा चलाना चाहिए, जिससे मिट्‌टी भुरभुरी हो जाएं।

उन्नत किस्में

क्षेत्र	किस्में
पंजाब, हरियाणा	ग्वार–80, एफ.एस.–277, एच.एफ.सी.–119, एच. एफ.सी.–277, एच.जी.–365, एच.जी. –75, एच. जी. 182
राजस्थान, गुजरात	एच.एफ.जी.–156, एच.एफ.जी.–258, बुन्देल ग्वार–1, बुन्देल ग्वार–2, बुन्देल ग्वार–3, आर. जी.सी.–471, आर.जी.सी.–936, आर. जी.सी.–197, आर.जी.सी.–986, आर.जी. सी.–1002, आर.जी. सी.–1003, मरू ग्वार, जी.यू.ए.जी–34

बुआई

सिंचित क्षेत्रों में इसकी बुआई रबी की फसल को काट कर खेत की जुताई करने के पश्चात करनी चाहिए। असिंचित क्षेत्रों में इसकी बुआई वर्षा ऋतु में जून या जुलाई में की जाती है। बीज की मात्रा 40–50 कि. ग्रा. प्रति हैक्टर छिड़कवाँ विधि से और सीडड्रिल में 35–40 कि.ग्रा. उपयुक्त है। बीज को भूमि में 4–5 से.मी. से गहरा नही रोपना चाहिए। लाइनों में इसकी दूरी 30–40 से.मी. तक रखी जाती है। बीज की फसल के लिए बीज की मात्रा 20–25 कि.ग्रा. प्रति हैक्टर उपयुक्त है।

खाद व उर्वरक

100–150 क्विंटल गोबर की खाद बुआई के 10–15 दिन पहले मिट्टी में मिलानी चाहिए, और 10–15 कि.ग्रा. नाइट्रोजन और 50 किलोग्राम फास्फोरस प्रति हैक्टर भी बुआई के समय मिलाना चाहिए। मिट्टी की जांच करके उसी के आधार पर उर्वरक डालना चाहिए। जब गोबर की खाद न हो तो नाइट्रोजन 25–30 कि.ग्रा. प्रति हैक्टर मिलाना चाहिए।

सिंचाई

ग्रीष्म ऋतु में 18–20 दिनों बाद सिंचाई करना आवश्यक है। असिंचित

क्षेत्रों में जहां ग्वार को वर्षा ऋतु में उगाया जाता है, सिंचाई नहीं की जाती है। यदि वर्षा न हो तो जीवन रक्षक सिंचाई अवश्य करनी चाहिए।

कटाई प्रबंध और उपज

ग्वार की कटाई पुष्पावस्था में 60–70 दिनों के बाद करनी चाहिए। पुष्पावस्था में इसकी उपज सामान्यतः 250–300 क्विंटल प्रति हैक्टर तक मिल जाती है। सिंचित क्षेत्रों में उपज थोड़ी अधिक पाई जाती है। बीज के लिए ग्वार को फली पकने पर काटा जाना चाहिए।

ooo

6

लोबिया *(Vigna sinensis)*

लोबिया सिंचित क्षेत्रों की गर्मी और बरसात के मौसम की महत्वपूर्ण फसल है। इसके चारे में औसतन 17–18 प्रतिशत प्रोटीन, 4.84 प्रतिशत ईथर निष्कर्षण, 18.29 प्रतिशत रेशा, 52.28 प्रतिशत नाइट्रोजन रहित निष्कर्षण व 7.43 प्रतिशत राख होती है। इन तत्वों की प्रतिशत मात्रा जल्दी अथवा देर से कटाई करने के अनुसार घटती–बढती रहती है। इसकी फसल चारे और बीज दोनों की होती है। इसमें हे और साईलेज भी अच्छी बनती है। लोबिया की खेती मक्का या ज्वार के साथ करने पर उन्नत किस्म का हरा चारा प्राप्त होता है।

लोबिया का उद्‌भव पश्चिमी अफ्रीका, भारत या ईरान में हुआ था। वर्तमान में इसकी खेती गर्म उष्ण कटिबंध प्रदेश, एशिया, अफ्रीका, द. अमेरिका में की जाती है। भारतवर्ष में राजस्थान, उत्तर प्रदेश, पंजाब, हरियाणा एवं मध्य प्रदेश में इसकी फसल पैदा की जाती है।

जलवायु

लोबिया संसार के सभी उष्ण कटिबंधी एवं शीतोष्ण कटिबंधी सिंचित स्थानों पर उगाई जाती है। लोबिया के अच्छे उत्पादन के लिये गर्म एवं आर्द्रता वाले मौसम जिसमें बीच–बीच में हल्की वर्षा होती हो और तेज धूप निकलती हो, उपयुक्त रहता है। इसके लिये न्यूनतम तापक्रम 15 डिग्री सेंटीग्रेड होना चाहिए, इससे कम होने पर पौधे मर जाते हैं। लोबिया की खेती के लिये प्रायः दोमट, बलुई दोमट अथवा हल्की भूमि उत्तम रहती है। इसकी अच्छी पैदावार के लिये जमीन में जल निकास का उत्तम प्रबंध होना चाहिए।

भूमि एवं भूमि की तैयारी

दोमट या बलुई दोमट मिट्टी वाले खेत में एक गहरी जुताई करके 2–3 हैरो या देशी हल से जुताई करना चाहिए। प्रत्येक जुताई के बाद पाटा या सुहागा चलाकर भूमि को समतल एवं भूरभूरी कर लेना चाहिये।

बुवाई का समय

सिंचित क्षेत्रों में इसे ग्रीष्म ऋतु में सफलतापूर्वक बोया जा सकता है। दक्षिण भारत में इसे वर्ष भर भी उगाया जा सकता है। उत्तर भारत में यह फसल मार्च–अप्रैल तथा खरीफ में जून–जुलाई में बोई जाती है।

बीज की मात्रा एवं बोने की विधि

इसकी बीज दर 40–50 कि.ग्रा. प्रति हैक्टर होती है। बीज दर मिश्रित खेतों में कम हो जाता है। लोबिया छिटकवाँ और लाइनों में बोई जाती है। लाइनों की दूरी 30–40 से.मी. पर्याप्त है। बुआई से पूर्व बीजों की जीवाणु कल्चर से उपचारित करना चाहिए।

खाद तथा उर्वरक

इसके बुआई से 10–12 दिन पूर्व 180–200 क्विंटल गोबर की खाद प्रथम जुताई के समय खेत में मिला दें और 15–30 कि.ग्रा. नाइट्रोजन तथा 60 कि.ग्रा. फास्फोरस की आश्यकता होती है। इन उर्वरकों को बुआई के 1–2 दिन पूर्व खेत में समान रूप से मिला देना चाहिए। पोटाश और फास्फोरस की मात्रा मिट्टी की जॉच के पश्चात् देनी चाहिए।

सिंचाई और जल निकास

ग्रीष्म कालीन फसल में 15–20 दिनों के अंतर पर सिंचाई करना आवश्यक है। खरीफ में फसल उगाने के लिए खेत में जल निकास का उचित प्रबंध आवश्यक है। खेत में पानी भरने पर प्रायः जड़ गलन रोग हो जाता है और पौधे मर जाते हैं।

कटाई

इसकी अधिकतर एक ही कटाई की जाती हैं। परन्तु रशियन जाइंट

व एच.एफ.सी. 42–1 जैसी किस्में दो कटाई के लिए उपयुक्त है। प्रथम कटाई बोने के 55–60 दिन बाद तथा दूसरी कटाई प्रथम कटाई के 40–50 दिन बाद पुष्पावस्था में करनी चाहिए।

उपज

एक कटाई वाली किस्मों से 250–300 क्विंटल चारा तथा दो कटाई वाली किस्मों से लगभग 350–400 क्विंटल चारा प्रति हैक्टर प्राप्त होता है। बीज की फसल की कटाई नहीं करनी चाहिए।

उन्नत किस्में

क्षेत्र	**किस्में**
उत्तर भारत	रशियन जाइंट, यू.पी.सी. 5287
उत्तर पश्चिम और मध्य भारत	ईसी 4216, बुन्देल लोबिया 2
सम्पूर्ण भारत	यू.पी.सी. 287, यू.पी.सी. 586, यू.पी.सी. 587, बुन्देल लोबिया 1, यू.पी.सी. 8705
गुजरात	चरोदी, जी.एफ.सी. 1, जी.एफ.सी. 2, जी.एफ.सी. 3
दक्षिण भारत	सीओ – 1, एफ.सी.पी. 2
उत्तर पश्चिम भारत	हरियाणा लोबिया 88
सम्पूर्ण भारत (ग्रीष्मकालीन)	बुन्देल लोबिया 2
महाराष्ट्र	श्वेता, डी.एफ.सी. 1
पंजाब	सी. 88

OOO

7

जई (*Avena sativa*)

मैदानी भागों में रबी की फसलों में चारे के लिए उगाई जाने वाली घास कुल की फसलों में जई का चारा उत्पादन एवं गुणवत्ता की दृष्टि से एक महत्वपूर्ण स्थान है। जई के पौधों की उंचाई सामान्यतः 1 से 2 मीटर तक होती है। यह फसल शीघ्र बढ़ने वाली, पशुओं के लिये स्वादिष्ट एवं पोष्टिक होती है। इसके चारे में 6.61 प्रतिशत पाच्य प्रोटीन और 63.4 प्रतिशत कुल पाच्य पोषक तत्व पाये जाते हैं। जई के चारे में कार्बोहाइड्रेट की मात्रा अधिक होती है। इसके चारे में 30–35 प्रतिशत शुष्क पदार्थ, 32–38 प्रतिशत रेशा, 36–44 प्रतिशत नाइट्रोजन रहित निष्कर्षण, 9. 30–13.90 प्रतिशत राख, 0.35–0.48 प्रतिशत कैल्शियम तथा 0.15–0.33 प्रतिशत फास्फोरस पाया जाता है। जई को बरसीम, सैंजी, लूसर्न के साथ मिलाकर खिलाना अधिक लाभकारी है। जई से बढ़िया किस्म का साईलेज एवं हे' बनता है।

भारत में यह फसल उत्तर प्रदेश, हरियाणा, पंजाब, मध्य प्रदेश व तमिलनाडु के कुछ स्थानों पर उगाई जाती है। हिमांचल प्रदेश, जम्मू काश्मीर, बिहार, राजस्थान, गुजरात व महाराष्ट्र में भी सफलतापूर्वक उगाई जा सकती है।

जलवायु

जई के लिए गेहूँ अथवा जौ की तरह का जलवायु आवश्यक है और इसकी खेती उन सभी स्थानों पर सफलतापूर्वक की जा सकती है, जहॉ गेहूँ उगाया जाता है। जई की अच्छी उपज के लिए इसे सिंचित स्थानों पर उगाया जाता है। इसमें पाला एवं शिशिर ऋतु में न्यूनतम तापमान को

सहने की क्षमता अधिक होती है। जई के बीज उत्पादन के लिए दीर्घ कालीन शिशिर ऋतु व अपेक्षाकृत शुष्क वातावरण अधिक उपयुक्त है। इसकी खेती सामान्यतः 21–24 डिग्री सें.ग्रेड़ तापमान वाले क्षेत्रों में की जाती है।

भूमि एवं भूमि की तैयारी

जई के लिए बलुई दोमट से लेकर मटियार दोमट किस्म की मिट्टी सर्वाधिक उपयुक्त मानी जाती है। इसकी खेती क्षारीय भूमि में भी की जा सकती है। खेत की पहली जुताई मिट्टी पलटने वाले हल से गहरी तथा दो–तीन हल्की जुताई कल्टीवेटर एवं देशी हल से करते हैं। प्रत्येक जुताई के बाद पाटा लगाकर समतल करके मिट्टी को भुरभुरा बना लेना चाहिए।

उन्नत किस्में

क्षेत्र	किस्में
सम्पूर्ण भारत	केन्ट, ओ.एस.–6, ओ.एस.–7, जे एच ओ – 822
उत्तर, उत्तर पश्चिम भारत और दक्षिण पहाड़ियां	ओ.एल.–9
मध्य भारत	जे.एच.ओ.–822, 851
उत्तर भारत, आन्ध्र प्रदेश और दक्षिण पहाड़ियां	यू.पी.ओ.–212, ओ.एस.–96
उत्तर पूर्व और मध्य भारत	ओ.एस.–108, जे.एस.ओ. 851
उत्तर पश्चिम और मध्य भारत	यू.पी.ओ.–94, पी.ओ.–3 (बहुकाट) ओ.एल.–125

बुआई का समय

इसकी बुआई अक्टूबर से लेकर जनवरी के प्रथम सप्ताह तक किसी समय भी की जा सकती है। जई के बुआई का सर्वोत्तम समय अक्टूबर का द्वितीय सप्ताह माना जाता होता है।

बीज की मात्रा एवं बोने की विधि

बुआई के लिए सीडड्रिल का उपयोग करना चाहिए तथा लाइन से लाइन के मध्य 20–25 से.मी. का अंतर रखना चाहिए। इसकी बुआई छिटकवाँ विधि से भी की जाती है। बीज की फसल को लाइनों में ही बोना चाहिए। देर से बुआई (दिसंबर या जनवरी) पर बीज की दर 25 प्रतिशत अधिक कर लेनी चाहिए। 100–120 कि.ग्रा. बीज प्रति हैक्टर की आवश्यकता होती है।

खाद और उर्वरक

बुआई के 10–15 दिन पहले 250 कुन्तल गोबर की खाद प्रति हैक्टर डालने से पैदावार अच्छी होती है। साथ ही 80–100 कि.ग्रा. नाइट्रोजन प्रति हैक्टर प्रयुक्त करने से अच्छी उपज प्राप्त होती है। लगभग 40 कि. ग्रा. फास्फोरस और 30 कि.ग्रा. पोटाश भी देना चाहिए। नाइट्रोजन की कुल मात्रा का आधा भाग तथा फास्फोरस एवं पोटाश की पूरी मात्रा बुआई से पूर्व खेत में डालकर हल या हैरो द्वारा मिलाना आवश्यक है। शेष मात्रा का आधा भाग बुआई के 25–26 दिन पश्चात् प्रथम सिंचाई के समय प्रयुक्त होना चाहिए तथा शेष मात्रा प्रथम कटाई के पश्चात छिटकवॉ विधि से देकर सिंचाई करनी चाहिए।

सिंचाई और जल निकास

प्रथम सिंचाई बुआई के 25–26 दिन बाद करते हैं। इसके बाद 20–25 दिनों के अवधि के अंतर पर सिंचाई करनी चाहिए। शुष्क स्थानों पर जई की खेती में एक–दो सिंचाई से भी संतोषजनक पैदावार प्राप्त की जा सकती है। पुष्पावस्था से पूर्व जल की कमी से बीज कम मात्रा में उत्पादित होते हैं। साथ ही बीजों का औसत वजन भी घट जाता है। अतः स्वस्थ ओर पुष्ट बीजा की अधिक पैदावार के लिए पुष्पावस्था के आरंभ से लेकर बीजों की दुग्धावस्था तक खेत में पर्याप्त नमी का रहना आवश्यक हैं।

कटाई प्रबंध

जई की फसल में चारे के लिए 3–4 कटाइयां की जा सकती है। जई

की कटाई शीघ्र करने पर उत्पादन कम होता है और देर से करने पर पौष्टिक तत्व व पाचकता में कमी आ जाती है अतः चारे की उपज तथा पौष्टिकता दोनों का अच्छा समन्वय प्राप्त करने के लिए जई में कटाइयों की संख्या दो से अधिक नहीं होनी चाहिए। सामान्यतः एक कटाई पुष्पावस्था में तथा दूसरी कटाई दानों के दुग्धावस्था में होने पर करते हैं। पौधों की प्रथम/ पहली कटाई हमेशा भूमि से 6–7 से.मी. ऊचाई पर करते हैं। इससे पुनर्वृद्धि अच्छी होती ह। एक काट वाली जई की कटाई फसल में 50 प्रतिशत फूल आने पर करें। दो काट वाली फसल में पहली कटाई के 60 दिन बाद करें तथा दूसरी कटाई 50 प्रतिशत फूल आने की अवस्था पर करे। कई काट वाली जई जैसे जे. एच. ओ 851 में प्रथम कटाई 55 दिन बाद दूसरी बुवाई के 105 दिन बाद तथा तीसरी कटाई 50 प्रतिशत फूल आने की अवस्था पर करे।

उपज

जई की प्रथम कटाई में 200–250 क्विंटल चारा प्रति हैक्टर प्राप्त होता है, जबकि दूसरी कटाई में केवल 150–200 क्विंटल चारा प्रति हैक्टर प्राप्त होता है। इस प्रकार कुल हरे चारे की उपज 400–450 क्विंटल प्रति हैक्टर संभावित है। बीज उत्पादन के लिए बोई फसल में बहुधा कटाई नहीं की जाती । इससे 20–25 क्विंटल बीज प्रति हैक्टर प्राप्त किया जा सकता है।

जई साईलेज एवं 'हे' बनाने के लिये एक उत्तम फसल है। हे' बनाने के लिये फसल को मध्य फूल अवस्था से दाना में दूध पड़ने की अवस्था पर काटे और साईलेज बनाने के लिये कच्चे एवं मुलायम दाने बनने की अवस्था पर काटें। हें' के लिये कटाई का उपयुक्त समय मार्च–अप्रैल है इस समय तापक्रम बढ़ जाता है और रात्रि में ओस भी नहीं गिरती है। कच्चे दानें की अवस्था पर काटी गई फसल में प्रोटीन की कमी होती है। अतः साइलेज बनाते समय 3 भाग जई और 1 भाग बरसीम या लुसर्न को मिला देने से उत्तम किस्म का साइलेज तैयार होता है। उचित प्रबन्धन से जई की उपज 500–550 क्विंटल प्रति हेक्टेयर ली जा सकती है।

OOO

8

बरसीम *(Trifolium alexandrinum)*

बरसीम का उदभव स्थान एशिया माना जाता है। भारत में बरसीम का आगमन 1904 में हुआ। वर्तमान में भारत के सभी राज्यों में जैसे जम्मू–कश्मीर, पंजाब, हरियाणा, दिल्ली, राजस्थान, गुजरात, महाराष्ट्र, उत्तर प्रदेश, मध्य प्रदेश, बिहार, पश्चिम बंगाल, असम, उडीसा आदि में बरसीम की खेती की जाती है। उत्तर भारत में रबी की चारे वाली फसलों में बरसीम सर्वाधिक लोकप्रिय हैं इसका चारा अत्यन्त पौष्टिक होता है। इसे पशु बड़े चाव से खाते हैं। इसमें प्रोटीन की मात्रा 13.99–23.10 प्रतिशत, रेशे की मात्रा 25–32 प्रतिशत, और कुल पाच्य तत्वों की मात्रा 63–70 प्रतिशत होती है। 7–8 किलो दूध देने वाली गाय/ भैंस को केवल भरपेट बरसीम खिलाने से ही दूध का उत्पादन लिया जा सकता है।

जलवायु

यह फसल शीतोष्ण तथा कम गर्मी वाले क्षेत्रों में उगाई जाती है। इसके उत्तम विकास के लिए कम से कम 250–300 मि.मी. वार्षिक वर्षा की व सिंचाई के साधन होना जरूरी है। बरसीम खेती के लिये न्यूनतम तथा अधिकतम तापमान क्रमशः 8 डिग्री और 38 डिग्री सेंटीग्रेड होना चाहिए। इससे कम या अधिक होने पर पौधे मर जाते हैं।

भूमि एवं भूमि की तैयारी

इसकी खेती के लिए सामान्यतः समतल, सिंचित खेत होना चाहिए, जिसमें मिट्टी की जल धारण क्षमता अधिक हो। बरसीम को सामान्यतः हर प्रकार की भूमि पर उगाया जा सकता है परन्तु दोमट भूमि सर्वोत्तम मानी जाती है। खेत तैयार करने के लिये एक गहरी जुताई मिट्टी पलटने वाले हल से और दो हल्की जुताईयां कल्टीवेटर अथवा हैरो से करनी

चाहिए। साथ ही प्रत्येक जुताई के बाद पाटा चलाकर खेत को समतल कर लेना चाहिए।

उन्नत किस्में

क्षेत्र	किस्में
सम्पूर्ण भारत	वरदान, मस्कावी
हिमाचल, पंजाब, उत्तरांचल और जम्मू पहाडी एवं तराई भूभाग और उत्तर पश्चिम भारत	बी.एल.–1, बी.एल.–10 (लम्बे समय) बी.एल–42 बी.एल.–22
उत्तर एवं मध्य भारत, आन्ध्र प्रदेश	यू.पी.बी.–103
दक्षिणी भारत	यू.पी.बी.–110
मध्य भारत	जे.बी.–1, जे.बी.–2, जे.बी.–3, जे. एच.बी.–146

बोने का समय

उत्तर भारत में बरसीम की बुआई सितंबर के अंतिम सप्ताह से अक्टूबर का प्रथम सप्ताह है। लेकिन दिसम्बर तक भी बोई जा सकती है, इसमें एक या दो कटाई कम मिलती हैं। प्रायः एक हैक्टर की बुआई के लिये 28–30 कि.ग्रा. बीज की आवश्यकता पड़ती हैं।

बीज उपचार

यदि किसी खेत में बरसीम पहले न बोई गई हो तो बरसीम के बीजों को बुआई से पहले राईजोबियम बैक्टिरिया द्वारा उपचारित करना आवश्यक हैं। यदि राइजोबियम बैक्टिरिया मिलने में कोई असुविधा हो तो ऐसे खेत की मिट्टी जिसमें पहले बरसीम बोई गई हो बीजों के वजन के बराबर लेकर मिला देनी चाहिए या ऐसी मिट्टी को 20–25 कि.ग्रा. प्रति हैक्टर की दर से बरसोम के खेत में बुआई से पूर्व समान रूप से छिड़क देना चाहिए।

बुआई की विधि

1. **पानी भरकर बुआई करना :** बरसीम की बुआई की यह विधि अधिक लोकप्रिय है। इस विधि में खेत तैयार करने के पश्चात् क्यारियों में 6–7

से.मी. पानी भर दिया जाता है। इन क्यारियो में फिर पटेला चला दिया जाता है या पेड़ की टहनी की सहायता से पानी गन्दा कर लेते है। इसके बाद बीज का छिड़काव कर दिया जाता है। ऐसा करने से बीज पर मिट्टी की हल्की परत चढ़ जाती हैं और बीज का जमाव खेत में एक जैसा होता है।

2. **सूखे खेत में बुआई :** इस विधि के लिए खेत में पर्याप्त नमी होनी चाहिए। इसमें बीजों का छिड़काव करके पटेला चला दिया जाता है। बीज एक से डेढ सेमी. से अधिक गहराई पर नहीं बोना चाहिए। बुआई के लगभग 15 दिन बाद सिंचाई प्रारंभ करनी चाहिए।
3. तीसरी विधि में बरसीम की बुआई धान के खेत में बिना किसी जुताई के भी की जाती है। इस विधि में धान की खड़ी फसल में सितंबर माह में बरसीम को छिड़क कर बोते हैं। बुआई से पहले बरसीम के बीजों को 12–14 घंटे तक पानी में भिगो कर छाया में सुखा लेना चाहिए।

खाद और उर्वरक

बरसीम की अच्छी फसल के लिए सड़ी हुई 200–220 क्विंटल गोबर की खाद प्रति हैक्टेयर की दर से बुआई के 10–12 दिन पूर्व खेत में मिलायें और बुआई के समय 25–30 कि.ग्रा. नाइट्रोजन, 50–60 कि.ग्रा. फास्फोरस तथा 20 किलोग्राम पोटाश प्रति हैक्टर की दर से दिया जाना चाहिए।

सिंचाई

पहली दो सिंचाइयां हल्की एवं बुआई के 5–7 दिन के अन्तराल पर देनी चाहिए इससे अंकुरण व पौधों का जमाव अच्छा होता है। बरसीम की फसल के लिए सिंचाई तथा जल निकास की पर्याप्त व्यवस्था आवश्यक है। हर बार कटाई के बाद सिंचाई आवश्यक हैं। सामान्यतः शीतकाल में 15 दिनों के अंतर पर सिंचाई करते रहना चाहिए। बसन्त काल में 12 दिन बाद एवं अप्रैल से मध्य मई तक सिंचाई का अन्तराल 10 दिन होना चाहिए।

कटाई प्रबन्ध

बरसीम चारे की बहु कटाई वाली फसल है। इसके प्रथम कटाई बुआई के लगभग 45–50 दिन के बाद की जाती है। इसके बाद दूसरी, तीसरी, चौथी कटाइयों को 30 दिन के अंतर पर करें और पांचवी एवं छठी कटाई 20 दिन के अन्तर पर करनी चाहिए। कटाई करते समय इस बात का ध्यान देना चाहिए कि पौधे कम से कम भूमि से 6–8 से.मी. की ऊँचाई पर काटे जाये जिससे की पौधों की पुर्नवृद्धि शीघ्र हो सके।

उपज

साधारणतः पहली कटाई में उत्पादन कम (175 क्वि.) तथा दूसरी एवं तीसरी कटाई में अधिकतम (225 क्वि.) और चौथी कटाई से गिरावट (175 क्वि.) प्रारम्भ हो जाती है, पांचवी (125 क्वि.) एवं छठी (75 क्वि.) कटाई में उत्पादन सबसे कम होता है। बरसीम के चारे की उपज 900–1200 क्विंटल प्रति हैक्टर होती है। जिसमें 15–18 प्रतिशत शुष्क पदार्थ पाया जाता है। चारे की उपज, खाद और सिंचाई पर भी निर्भर करती हैं।

OOO

9

रिजका (*Medicago Sativa*)

रिजका (अल्फा–अल्फा) चारों की रानी और हरा सोना के नाम से जाना जाता है। यह दो दाल वाली चारे की महत्वपूर्ण बहुवर्षीय फसल है। रिजका या लूसर्न का उद्भव स्थान मेडिटेरियन क्षेत्र है। ऐसा विश्वास है कि लूसर्न की उत्पत्ति दक्षिण–पूर्व एशिया में हुई थी। भारत में इसकी खेती महाराष्ट्र, गुजरात, राजस्थान, उत्तर प्रदेश, मध्य प्रदेश, हरियाणा, पंजाब, हिमाचल प्रदेश, जम्मू–कश्मीर आदि राज्यों में की जाती है। लूसर्न में गर्मी व सूखा सहन करने की क्षमता होती है। यह फसल 3–4 वर्ष तक लगातार हरा चारा एक ही क्षेत्र में प्रदान कर सकती है। इसका चारा स्वादिष्ट एवं पौष्टिक तत्वों से भरपूर होता हैं। इसमें 15–20 प्रतिशत क्रूड प्रोटीन, 60 प्रतिशत कुल पाच्य तत्व, 1.5 प्रतिशत कैल्शियम, 0.2 प्रतिशत फास्फोरस (शुष्क पदार्थ के आधार पर) तथा उच्च मात्रा में विटामिन ए,बी एवं डी होता है। रिजका की पाचन क्षमता 72 प्रतिशत होती है, इसका पोषक मूल्य अधिक होता है। अतः रिजका की थोडी मात्रा ही पशु को खिलायें, क्योंकि हरे चारे की मात्रा अधिक खिलाने पर अफरा हो जाता है। रिंजका के हरे चारे को प्रारम्भ में थोड़ी मात्रा में खिलायें व बाद में मात्रा बढ़ा देनी चाहिए। एक सामान्य पशु को भरपेट लूसर्न खिलाने पर पशु को स्वस्थ रखने के साथ–साथ 8 किलो दूध प्रतिदिन प्राप्त किया जा सकता है।

जलवायु

लूसर्न को अधिक वर्षा व आर्द्रता की आवश्यकता नहीं होती है। इसे कम वर्षा वाले सिंचित क्षेत्रों में भी आसानी से उगाया जा सकता है। लूसर्न की खेती अधिक तापक्रम वाले क्षेत्र जैसे राजस्थान से लेकर कम तापक्रम वाले क्षेत्र पंजाब में भी आसानी से उगायी जा सकती है। लूसर्न की फसल

का अच्छा उत्पादन हल्की सर्दी एवं गर्म मौसम में होती है। जबकि आर्द्रता वाले बादली मौसम में वृद्धि दर कम रहती है। तापक्रम की अधिकता होने पर लूसर्न सुषुप्ता अवस्था में चला जाता है और आर्द्रता मिलने पर पुनः वृद्धि करने लगता है। पानी के भराव को फसल सहन नहीं कर सकती।

भूमि

आमतौर पर लूसर्न सभी प्रकार की भूमियों पर पैदा किया जा सकता है। अधिक पैदावार लेने के लिए 6.5–7.5 पी.एच. मान वाली, गहरी चिकनी भूमि सर्वोत्तम रहती है। जल निकास की व्यवस्था बहुत ही आवश्यक है। खेत तैयार करने के लिये एक गहरी जुताई मिट्‌टी पलटने वाले हल से और दो हल्की जुताइयां कल्टीवेटर अथवा हैरो से करनी चाहिए। साथ ही प्रत्येक जुताई के बाद पाटा चलाकर खेत को समतल व भुरभुरा कर लें।

उन्नत किस्में

क्षेत्र	किस्में
गुजरात, राजस्थान, उत्तर प्रदेश और मध्य प्रदेश	आनन्द–2
गुजरात और हिमाचल प्रदेश	आनन्द–3
उत्तर पश्चिम और मध्य भारत	एल.एल.सी.–5, चेतक
तमिलनाडू, कर्नाटक	सी.ओ.–1 (बहुवर्षीय)
सम्पूर्ण भारत	टी.–9 (बहुवर्षीय), आर.एल.–88, एल.एल.सी.3

बोने का समय

सितम्बर के अन्त से दिसम्बर के अन्त तक लूसर्न की बुवाई की जा सकती है। विभिन्न क्षेत्रों में भिन्न–भिन्न समय पर बुवाई करते हैं। उत्तरी भारत में अक्टूबर से नवम्बर तक, हिमालयन क्षेत्र में मार्च में, पूर्वी क्षेत्र में नवम्बर से दिसम्बर तक व दक्षिणी क्षेत्र में अक्टूबर से दिसम्बर तक बुआई कर सकते हैं।

बीज की मात्रा एवं बोने की विधि

सीडड्रिल या पोरा से बोने पर 12–15 किलोग्राम बीज प्रति हैक्टर की आवश्यकता होती है। पौधे से पौधे की दूरी 20 से.मी. तथा लाइन से लाइन की दूरी 30 से.मी. रखें, साथ ही बीज की गहराई 1 से.मी. से अधिक न रखें अन्यथा जमाव कम होगा। छिटकवाँ विधि से बोने पर बीज की मात्रा 20–25 किलोग्राम प्रति हैक्टर रखें तथा बीज छिटकने के बाद बीज को 1 से.मी. मिट्टी में छिपा दें, यह कार्य रेक या स्पाईक टूथ हैरो से कर सकते हैं। यदि रिजका की खेती पहली बार की जा रही हो तो बीज को ''राइजोबियम मेलिलोटी'' कल्चर से उपचारित करें।

खाद व उर्वरक

रिजका दो दाल वाली फसल होती है अतः यह नाइट्रोजन की अधिकांश मात्रा ''सिम्बायोटिक नाइट्रोजन फिक्सेशन'' के द्वारा बुवाई के 3–4 सप्ताह बाद स्वतः ही कर लेता है। फिर भी 20–25 किलो नाइट्रोजन, 80–100 किलो फास्फोरस एवं 40 किलोग्राम पोटाश प्रति हैक्टर आवश्यक होता है। साथ ही प्रथम वर्ष में 200–220 कुन्टल प्रति हैक्टर सड़ी हुई गोबर की खाद बुवाई से 10–12 दिन पूर्व अच्छी तरह खेत में मिलानी चाहिए।

सिंचाई

अच्छे जमाव के लिए बुवाई से पूर्व एक सिंचाई आवश्यक है तथा बुवाई के बाद दो हल्की सिंचाई 7–8 दिन के अन्तर पर करें जिससे जमाव अच्छा हो। बाद की सिंचाईयों सर्दियों में 20–22 दिन बाद, बसन्त में 15–20 दिन बाद तथा गर्मियों में 10–12 दिन के अन्तर पर करें। वर्षा के समय खेत से अतिरिक्त पानी निकालने की व्यवस्था करनी चाहिए।

कटाई

पहली कटाई 50–55 दिन बाद करें तथा बाद की कटाईयां 25–30 दिन के अन्तराल पर करें। पौधे की लम्बाई जमीन से 60 से.मी. होने पर कटाई कर लेनी चाहिए।

उपज

उचित प्रबन्धन द्वारा 100–1400 कुन्टल हरा चारा और 2–2.5 किलो बीज प्रति हैक्टेयर ले सकते हैं।

10

कृषि भूमि में घासों का उत्पादन

1.सूडान घास (*Sorghum sudanense*)

सूडान घास एक स्वादिष्ट एवं तीव्र गति से बढने वाली फसल है। सूखे व उच्च ताप के दिनों जैसे अप्रैल से जून तक यह घास हरी व रसपूर्ण रहती है, जबकि दूसरी घासें सूखने लगती है। इसका पौधा पत्तीदार, पतले तने वाला रसदार एवं मीठा होता है। इसमें प्रोटीन की मात्रा 8–10 प्रतिशत, शुष्क पदार्थ की पाचनशीलता क्षमता 60–65 प्रतिशत, रेशा 27.03 प्रतिशत, नाइट्रोजन रहित निष्कर्ष 1.95 प्रतिशत पाई जाती है।

जलवायु एवं भूमि

यह घास अर्द्ध शुष्क से सब ह्युमिड क्षेत्रों में उगाई जा सकती है। प्रकाश एवं यदा कदा वर्षा की झड़ियां इसकी वृद्धि को और भी बढ़ा देते हैं। परन्तु उच्च ताप व कम आर्द्रता को सहने की क्षमता भी इस घास में हैं। यह फसल उन सभी स्थानों पर उगाई जाती है जहाँ ज्वार की खेती होती है। दोमट, रेतीली दोमट व हल्की काली मिट्टी सूडान घास के लिए उत्तम है। इसकी खेती क्षारीय एवं कम उपजाऊ वाली भूमि पर भी की जा सकती है परन्तु उपज अपेक्षाकृत कम होती है।

उन्नत किस्में

मीठी सूडान घास (एस.एस.जी. 59–3) हरियाणा की बहुप्रचलित किस्म है। मार्च में बोई घास 3–4 कटाई देती है तथा 1000 कुन्टल/हेक्टर पैदावार हो सकती है। जिसके तने मीठे व रसदार होते हैं। पाईपर किस्म भी अच्छी मानी जाती है। बुआई ग्रीष्म एवं वर्षा ऋतु दोनों में की जा सकती है।

खेत की तैयारी एवं बुआई

खेत में 2–3 बार जुताई या हैरो करते हैं। इसके लिए गहरी जुताई की आवश्यकता नही होती है परन्तु खेत खरपतवार विहीन बना लेना चाहिए। बुआई के समय पर्याप्त नमी होनी चाहिए। इसकी बुआई दो विधियों से की जा सकती है। प्रथम विधि मे बीजों को समान रूप से छिड़ककर जुताई द्वारा मिट्टी में मिला देना चाहिए। यह विधि अधिक नमी वाले भागों में जहाँ खरपतवार का प्रकोप अधिक हो अपनाई जाती है। दूसरी विधि में लाइनों में फसल को 30 से.मी. की दूरी पर बनी कूड़ों में बोते हैं। बीज की मात्रा 10–12 कि.ग्रा. प्रति हैक्टर पर्याप्त हैं। फरवरी के अंतिम सप्ताह से लेकर मई–जून तक इसकी बुआई की जा सकती है। जून में बुआई करने पर यह फसल अक्टूबर–नवम्बर तक हरा चारा दे सकती है। बीज के लिए भी फसल की बुआई जून मास में की जाती है।

खाद व उर्वरक

सूडान घास से अधिक उपज प्राप्त करने के लिए इस घास में 100 कि.ग्रा. नाइट्रोजन तथा 40 कि.ग्रा. फास्फोरस प्रति हैक्टर देना आवश्यक होता है। नाइट्रोजन की आधी मात्रा व फास्फोरस की कुल मात्रा बुआई से पहले खेत की तैयारी के अंतिम चरण पर समान रूप से मिट्टी में मिला देते हैं। शेष नाइट्रोजन को बराबर भागों में बाँट कर हर कटाई के बाद देते हैं। बीज उत्पादन के लिए लगभग 60 कि.ग्रा. नाइट्रोजन, 40 कि.ग्रा. फास्फोरस और 25–30 कि.ग्रा. पोटाश पर्याप्त होता है।

सिंचाई और जल निकास

बसंत ऋतु अथवा ग्रीष्म ऋतु में बोई गई फसल को 20–25 दिनों के अंतर पर सिंचाई की आवश्यकता पड़ती है। वर्षा ऋतु में बोई गई फसल को सिंचाई की आवश्यकता नहीं होती, लेकिन अधिक जल के निकास का समुचित प्रबंध आवश्यक है क्योंकि अधिक पानी फसल के लिए हानिकारक है। बीज की फसल में सिंचाई फूल की अवस्था से बीज की दुग्धावस्था तक करनी चाहिए। वर्षा ऋतु के बाद हर मास एक सिंचाई करना लाभकारी होता है।

कटाई प्रबंध और उपज

ज्वार की तरह सूडान घास में भी प्रारंभिक अवस्था में जहरीला हाइड्रोसाइनिक अम्ल होता है। अतः प्रथम कटाई बुआई के लगभग 8–9 सप्ताह बाद करनी चाहिए। जिसमें हाइड्रोसाइनिक अम्ल की मात्रा कम होती है, इसके पश्चात 5 सप्ताह के अन्तर पर कटाइयां करनी चाहिए। कटाई भूमि की सतह से 5–6 से.मी. ऊपर करनी चाहिए ताकि फसल की पुनवृद्धि में कमी न आ सके। देर से कटाई करने पर तने की मात्रा अधिक हो जाती है और रेशे की मात्रा भी बढ़ जाती है जिससे पाचनशीलता एवं पौष्टिकता कम हो जाती है। सूडान घास की अच्छी फसल से लगभग 700–800 क्विंटल हरा चारा प्रति हैक्टर प्राप्त होता है। बीज के लिए इस फसल को ज्वार व बरू से दूर बोना चाहिए। बीज की पैदावार 4–5 क्विंटल प्रति हैक्टर होती है।

2. संकर हाथी घास (*Penisetum purpureum*)

यह एक बहुवर्षीय घास है। एक बार बुआई करने से 3–4 वर्ष तक हरा चारा प्रदान करती रहती है। चारे की कमी के दिनों में भी संकर हाथी घास (नेपियर घास) से चारा प्राप्त होता रहता है जिससे पशुओं को वर्ष भर हरा चारा मिलता रहता है। वृद्धि की प्रारंभिक अवस्था में चारे में लगभग 12–14 प्रतिशत शुष्क पदार्थ पाया जाता है। इसमें औसतन 7–12 प्रतिशत प्रोटीन, 34 प्रतिशत रेशा तथा कैल्शियम व फास्फोरस की राख 1.05 प्रतिशत होती है। यह मात्रा कटाई की अवस्था तथा सिंचाई के उपर निर्भर करती है। इसकी पाचनशीलता 48–71 प्रतिशत होती है। इसमें सूखा व कीट–पतंगों के सहन करने की क्षमता होती है। नेपियर घास को बरसीम अथवा रिजका अथवा लोबिया के साथ मिलाकर खिलाने पर उच्च कोटि का स्वादिष्ट चारा पशु को मिलता है।

नेपियर घास का जन्म स्थान उष्ण कटिबन्धीय अफ्रीका है। यह घास गर्म एवं आद्रता वाले क्षेत्रों में लगाई जाती है। भारत वर्ष में लगभग सभी प्रान्तों में इसकी पैदावार ली जाती हैं लेकिन अधिक वर्षा एवं अधिक सर्दी वाले राज्यों में इसकी खेती नहीं करते।

जलवायु

संकर हाथी घास के लिये गर्म एवं तर जलवायु की आवश्यकता है अतः मानसून मौसम में यह फसल अधिक चारा प्रदान करती है। चमकदार धूप एवं बीच–बीच में वर्षा वाली जलवायु चारा उत्पादन के लिये सर्वोत्तम है। अच्छी पैदावार के लिये 25–30 डिग्री सेंटीग्रेड तापक्रम तथा औसतन 800–1000 मि.मी. वर्षा क्षेत्र अच्छे रहते हैं।

भूमि एवं भूमि की तैयारी

उचित जल निकास वाली सभी प्रकार से भूमियों पर नेपियर घास का उत्पादन किया जा सकता है लेकिन लोम एवं क्ले लोम भूमि सर्वोत्तम रहती है। एक गहरी जुताई करने के बाद दो जुताई कल्टीवेटर या देशी हल से करें साथ ही पाटा लगाकर खेत समतल कर लें।

किस्में

क्षेत्र	किस्में
सम्पूर्ण भारत एवं तराई भाग	पूसा जाइंट
सम्पूर्ण भारत एवं आर्द्रता वाले भाग	एन.बी.–21, इगफ्री–10, आर.बी.एन.–9
तमिलनाडु, कर्नाटक एवं दक्षिण प्रदेश उत्तर प्रदेश, मध्य प्रदेश, उत्तर पूर्व पहाडियां, पंजाब, हिमाचल, उत्तराखण्ड	सी.ओ.–1, सी.ओ.–2, सी.ओ.–3 इगफ्री–3, इगफ्री–6
पंजाब	पी.बी.एन.–83,

बोने का समय

बोने का उपयुक्त समय सिंचित क्षेत्रों के लिए मार्च हैं। वर्षा आधारित क्षेत्रों में नेपियर की जड़ों को जुलाई के महिने में या मानसून की प्रारम्भिक अवस्था में लगायें। दक्षिण भारत में सिंचित क्षेत्रों में वर्ष के किसी भी माह में बुवाई कर सकते हैं।

बीज की मात्रा बोने की विधि

इसकी बुवाई जड़ों के कल्ले या तने के टुकड़ों द्वारा करते हैं। जड़ों की बुवाई करते समय पौधे से पौधे की दूरी 50 से.मी., तथा लाइन से लाइन की दूरी 1 मी. तथा गहराई लगभग 20–25 से.मी. रखनी चाहिये। लगभग 20,000–25,000 जड़ें एक हैक्टेयर क्षेत्रफल के लिए पर्याप्त होती है।

खाद व उर्वरक

संकर हाथी घास से अधिक उत्पादन लेने के लिये खेत में 220 से 225 कुन्टल गोबर की सड़ी खाद, नाईट्रोजन 100 किलो, फास्फोरस 40 किलो तथा पोटाश 40 किलो प्रति हैक्टेयर अवश्य डालनी चाहिए। गोबर की खाद को बुवाई के 10–15 दिन पहले अच्छी प्रकार भूमि में मिलायें तथा बुवाई के समय फास्फोरस व पोटाश की पूरी मात्रा खेत में मिला दें। नाइट्रोजन की आधी मात्रा बुवाई के 15 दिन बाद छिड़क दें तथा शेष मात्रा सर्दी के अन्त में (मार्च) छिड़क दें। यदि सम्भव हो तो नाईट्रोजन की पूरी मात्रा को 3–4 बराबर भागों में बाँट लें और प्रत्येक कटाई के बाद खेत में छिड़कें जिससे नेपियर की बढ़वार शीघ्र होती है।

सिंचाई

पहली सिंचाई जड़ें लगाने के तुरन्त बाद करें । बाद में 2 सिंचाई 7–8 दिन के अन्तर पर अवश्य करें। इस समय तक जड़ें अच्छी प्रकार जम जाती है एवं बढ़वार होने लगती है। बाद में सिंचाई 15–20 दिन के अन्तर पर मौसम का ध्यान रखते हुए करते रहें।

इन्टरक्रोपिंग

सर्दी के मौसम में नेपियर घास की बढवार कम होती है। अतः नेपियर की लाइनों के बीच में बरसीम या जई या रिजका की फसल ली जा सकती है। बरसीम की फसल नेपियर की लाइनों में अच्छा परिणाम देती है तथा नेपियर की इगफ्री–3 किस्म अन्तःफसल के लिए सर्वोत्तम पाई गई है। नेपियर की लाइन से लाइन की दूरी सुविधानुसार 3 – 10 मीटर तक बढाकर लाइनों के बीच में मौसमी फसलें जैसे ज्वार, मक्का, लोबिया, ग्वार,

बरसीम, रिजका, जई आदि सफलतापूर्वक लगाई जा सकती हैं जिससे वर्ष भर हरा चारा मिलता रहता हैं।

कटाई

प्रथम कटाई बुवाई के 50–60 दिन बाद करें। बाद की कटाईयां गर्मी में 40 दिन के अन्तर पर तथा वर्षा में 30 दिन के अन्तर पर करें। नवम्बर से जनवरी के माह में बढ़वार धीरे होती है। अतः कटाई का अन्तर बढा दें। पौधों की ऊंचाई 1–1.5 मीटर होने पर कटाई कर लेनी चाहिए। कटाई करते समय ध्यान रखें कि कटाई जमीन से 12–15 से.मी उपर से करें जिससे नई कोपलें नष्ट होने से बच सकें।

उपज

उचित प्रबन्ध करने पर संकर हाथी घास से उत्तरी क्षेत्रों में लगभग 1500 कुन्टल एवं दक्षिणी क्षेत्रों में 2000 कुन्टल हरा चारा प्रति हैक्टयर एक वर्ष में प्राप्त किया जा सकता है।

3. गिन्नी घास (*Panicum maximum*)

गिन्नी घास का उद्भव स्थान उष्ण एवं उपोष्ण अफ्रीका है वर्तमान समय में संसार के सभी उष्ण एवं उपोष्ण भागों में गिन्नी घास पैदा की जाती है। भारत में इसकी पैदावार दक्षिणी राज्यों जैसे कर्नाटक, आन्ध्र प्रदेश, तमिलनाडू, केरल, महाराष्ट्र, गुजरात आदि में ली जाती है।

यह एक अधिक चारा उत्पादन करने वाली बहुवर्षीय घास है। इसे सभी प्रकार की जलवायु में उगाया जा सकता है। यह छायादार स्थान पर भी अधिक उपज देती है। इसी कारण फलदार वृक्षों के बगीचों में इसे आसानी से उगा सकते हैं। इसमें सूखा सहन करने की क्षमता होती है। गिन्नी घास का साईलेज अच्छा बनता है इसमें 5–14 प्रतिशत क्रूड़ प्रोटीन और 52–60 प्रतिशत कुल पाच्य तत्व होते हैं। पोषक तत्वों की मात्रा कटाई की अवस्था पर निर्भर करती है।

जलवायु

गर्म एवं आर्द्रता युक्त वातावरण में गिन्नी घास अच्छी पैदावार देती है। बादलयुक्त मौसम में हल्की बरसात होने पर गिन्नी घास की वृद्धि तेजी से होती है। इस घास के उत्पादन के लिये न्यून्तम तापमान 15 डिग्री सेंटीग्रेड तथा अधिकतम तापमान 38 डिग्री सेंटीग्रेड सर्वोत्तम रहता है। चरागाह पर इस घास को लगाने के लिये वार्षिक वर्षा 600–1000 मिली होनी चाहिए।

भूमि एवं भूमि की तैयारी

उचित जल निकास वाली सभी प्रकार की भूमियों पर गिन्नी का उत्पादन किया जा सकता है लेकिन एवं क्ले लोम भूमि सर्वोत्तम रहती है। एक गहरी जुताई करने के बाद दो जुताई कल्टीवेटर या देशी हल से करें साथ ही पाटा लगाकर खेत समतल कर लें।

बीज की मात्रा

गिन्नी घास बीज व जड़ों दोनों द्वारा आसानी से लगाई जा सकती है। 3–4 किलो बीज प्रति हैक्टेयर या लगभग 20,000–25,000 जड़ें एक हैक्टयर क्षेत्रफल के लिये पर्याप्त होती है। पौधे से पौधे की दूरी 50 से.मी. तथा लाइन से लाइन की दूरी भी 100 से.मी. रखते हैं। यदि अन्तः फसल लेनी हो तो लाइन से लाइन की दूरी 3 से 10 मीटर तक रखते हैं।

खाद व उर्वरक

गिन्नी घास के खेत में 220 से 225 कुन्टल गोबर की सड़ी खाद, नाईट्रोजन 100 किलो, फास्फोरस 40 किलो तथा पोटाश 40 किलो प्रति हैक्टेयर डालने पर अच्छी पैदावार होती है। गोबर की खाद को बुआई के 10–15 दिन पहले अच्छी प्रकार भूमि में मिलायें और बुआई के समय फास्फोरस व पोटाश की पूरी मात्रा खेत में मिला दें। नाईट्रोजन की आधी मात्रा बुआई के 15 दिन बाद छिड़क दें तथा शेष मात्रा सर्दी के अन्त में (मार्च) छिडक देना चाहिए। यदि सम्भव हो तो नाईट्रोजन की पूरी मात्रा को 3–4 बराबर भागों में बांट लें और प्रत्येक कटाई के बाद खेत में समान

रूप से छिड़कते रहें जिससे कि गिन्नी घास का हरा चारा शीघ्र एवं लगातार मिलता रहे।

सिंचाई

पहली सिंचाई जड़ें लगाने के तुरन्त पश्चात करें और 2 सिंचाई 7–8 दिन के अन्तर पर अवश्य करें। इस समय तक जड़ें अच्छी प्रकार जम जाती हैं एवं बढ़वार होने लगती है। बाद में सिंचाई 15–20 दिन के अन्तर पर मौसम का ध्यान रखते हुए करनी चाहिए।

इन्टरक्रोपिंग

सर्दी के मौसम में गिन्नी घास की बढ़वार कम होती है। अतः गिन्नी की लाइनों के बीच में बरसीम या जई या रिजका की फसल ली जा सकती है। बरसीम की फसल गिन्नी की लाइनों में अच्छा परिणाम देती है तथा गिन्नी की हामिल किस्म अन्तःफसल के लिये सर्वोत्तम पाई गई है। गिन्नी की लाइन से लाइन की दूरी सुविधानुसार 3–10 मीटर तक बढाकर लाइनों के बीच में मौसमी फसलें जैसे ज्वार, मक्का, लोबिया, ग्वार, बरसीम, रिजका, जई आदि सफलतापूर्वक लगाई जा सकती हैं जिससे वर्ष भर हरा चारा मिलता रहता है।

उपज

उचित प्रबन्धन द्वारा वर्षा आधारित क्षेत्रो में 5–6 कटाईयों मे 500–600 कुन्टल तथा सिंचित क्षेत्रों में 10–12 सिचाई करके 1000–1500 कुन्तल हरा चारा प्रति हेक्टेयर प्राप्त किया जा सकता है। दक्षिणी भारत में गिन्नी घास से एक वर्ष में 2000 कुन्टल हरा चारा प्रति हैक्टेयर प्राप्त किया जा सकता है।

किस्में

क्षेत्र	किस्में
केरल	मकूनी
मध्य एवं दक्षिण भारत	हामिल
उत्तर पश्चिम भारत	पी.जी.जी. 1, गटन, बी.जी.जी 1, 2
पंजाब	पी.जी.जी. 19, पी.जी.जी. 101
उत्तर, उत्तर पश्चिम एवं मध्य भारत	पी.जी.जी. 3, पी.जी.जी. 9, हामिल, गटन

4. पैरा घास (*Bracharia mutica*)

यह एक अधिक उत्पादन वाली बहुवर्षीय घास है। पैरा घास का साईलेज व हे' भी अच्छा बनता है। इसमें 7 प्रतिशत क्रूड़ प्रोटीन, 0.76 प्रतिशत कैल्शियम एवं 0.49 प्रतिशत फास्फोरस होता है। पैरा घास को पानी एकत्रित होने वाले स्थान पर सफलतापूर्वक लगाया जाता है। यह सूखा सहन करने की क्षमता भी रखता है। सूखे की अवस्था में यह सूख जाती है लेकिन मानसून आने पर स्वतः ही बढ़वार देने लग जाती है। हल्की अम्लीय व क्षारीय भूमि में भी इसे लगा सकते है। तालाब की मेड़ों पर मृदा क्षरण को रोकने में यह अहम् भूमिका अदा करती है। उत्तरी भारत में शीत ऋतु में यह घास सुषुप्ता अवस्था में चली जाती है।

भूमि एवं भूमि की तैयारी

दोमट एवं चिकनी दोमट भूमि सर्वोत्तम रहती है। इसके लिए 2 जुताई हैरो या कल्टीवेटर से करें तथा पाटा लगाकर खेत को समतल कर लें।

बीज की मात्रा

लगभग 40,000 तने की कटिंग जिसमें 2–3 गॉठें हो एक हेक्टेयर के लिए उपयुक्त रहती है। पौधे से पौधे एवं लाईन से लाईन की दूरी 50 से. मी. रखते हैं।

खाद व उर्वरक :

200–250 कुन्तल गोबर के खाद खेत में बुवाई से पहले मिला दें तथा जड़ें या तने की कटिंग लगाते समय नाइट्रोजन 30 किलो, फास्फोरस 30 किलो तथा पोटाश 30 किलो प्रति हैक्टर के हिसाब से खेत में डालें। खड़ी घास में प्रत्येक कटाई के बाद 20 किलो नाइट्रोजन प्रति हैक्टर अवश्य डालते रहें।

सिंचाई

आमतौर पर पैरा घास पानी वाले क्षेत्र में लगाई जाती है। अतः पानी की आवश्यकता नहीं पड़ती है। समतल क्षेत्र में 8–10 दिनों के अन्तर पर सिंचाई करनी चाहिए।

कटाई

पहली कटाई 65–70 दिन बाद तथा अन्य कटाईयां 30 दिन के अन्तर पर करते रहें।

उपज

उत्तरी भारत में 1000–1500 कुन्तल तथा दक्षिणी भारत में 1200–1800 कुन्तल प्रति हेक्टेयर हरा चारा प्राप्त किया जा सकता है।

5. राइसबीन (*Vigna umbellata*)

भारत में राईसबीन की खेती चारा, बीज और खाद के लिए उगाई जाती है। राईसबीन मिश्रित खेती के लिए भी उत्तम है। इसे सूखा क्षेत्रों में भी उगाया जा सकता है। इसके चारे में कोई जहरीला पदार्थ नहीं पाया जाता है।

राइसबीन दो दाल वाली एक महत्वपूर्ण फसल है। इसकी खेती अधिक वर्षा वाले क्षेत्रों में की जाती है। धान की फसल के मेड़ों पर इसकी खेती की जा सकती है, जहॉ की ग्वार एवं लोबिया की फसल नहीं ले सकते। इसमें पोषक तत्व अधिक होने के साथ–साथ भूमि की उर्वराशक्ति भी बढ जाती है। खरीफ चारा फसलों के खत्म होने पर भी राइसबीन से

हरा चारा प्राप्त होता रहता है।

राइसबीन का उद्भव स्थान भारत देश है वर्तमान में इसकी खेती पश्चिमी बंगाल एवं असम में की जाती है।

भूमि और जलवायु

इसे सभी प्रकार की भूमि पर उगाया जा सकता है, परन्तु दोमट भूमि सबसे अच्छी है। इसकी उपज अधिक आर्द्रता वाले क्षेत्रों में अच्छी होती है।

किस्म

क्षेत्र	किस्में
सम्पूर्ण भारत के तराई वाले पूर्वी भाग	विधान–1, बी.एल.–1 एवं 6
कोंकण (महाराष्ट्र)	कोंकण राइसबीन–1, के.–15

बुवाई का समय

उत्तरी पूर्वी क्षेत्रों में अप्रैल से अगस्त तथा दक्षिण क्षेत्रों में अक्टूबर से नवम्बर तक इसकी बुवाई की जाती है।

बीज की मात्रा एवं विधि

30–40 किलो ग्राम बीज प्रति हैक्टेयर पर्याप्त रहता है। इसकी बुवाई करते समय पौधे से पौधे की दूरी 25 से.मी. रखते हैं। बुआई सीडड्रिल से ही करनी चाहिए। छिटकवां विधि अपनाने पर बीज दर बढ़ा देनी चाहिए।

उर्वरक

20 किलो नाइट्रोजन, 50 किलो फास्फोरस प्रति हैक्टेयर बुवाई के समय खेत में मिला दें। अधिक उत्पादन लेने के लिये 100 से 120 कुन्टल गोबर की खाद बुआई से 10–12 दिन पूर्व खेत में मिला दें।

सिंचाई

12–15 दिन के अन्तराल पर मौसम की दशा देखकर सिंचाई करें। बरसात के मौसम में खेत में पानी इकठ्ठा न होने दें।

कटाई

बुवाई के 70 दिन के बाद हरे चारे की कटाई करें। फलियां निकलने का समय कटाई के लिए उपयुक्त समय है, यदि पहली कटाई बुआई के 45–50 दिन बाद करें तो दूसरी कटाई के लिये फसल 45–50 दिन में पुनः तैयार हो जाती है।

उपज

उचित प्रबन्ध पर 250–450 कुन्तल प्रति हेक्टेयर हरा चारा प्राप्त होता है।

6. स्टायलो सेन्थीस (*Stylo santhes*)

स्टाइलो सेन्थीस की कई मुख्य प्रजातियां (*स्टाइलो हमाटा, स्टाइलो हुमलिस, स्टाइलो गुयानेनीस और स्टाइलो स्केबरा*) भारत वर्ष में चरागाह क्षेत्रों में लगाई जाती है। यह एक बहुवर्षीय, दो दाल वाला पौधा है। हमारे देश में स्टाइलों सेन्थीस 1960 में लाया गया था। इसमें लगभग 10–17 प्रतिशत प्रोटीन, 0.6 से 1.72 प्रतिशत कैल्शियम, 0.10–0.12 प्रतिशत फास्फोरस तथा 7.0–14.2 प्रतिशत राख होती है। खरीफ के मौसम में चरागाह पर उगाये जाने वाले पौधों में सबसे अधिक पोषक तत्व वाला पौधा है। इसके खिलाने से पशु पालक को दाना मिश्रण की कम आवश्यकता होती है।

जलवायु

इसकी खेती गर्म व तर जलवायु पर की जा सकती है। वैसे इसको 10 डिग्री सेन्टीग्रेड से लेकर 43 डिग्री सेन्टीग्रेड तापमान तथा 450 मि.मी. से लेकर 1250 मि.मी. वर्षा वाले क्षेत्रों पर भी उगाया जा सकता है। लेकिन सर्दी के मौसम में वर्षा होने पर इसकी उपज पर प्रतिकूल प्रभाव पड़ता है।

भूमि

लगभग सभी प्रकार के मिट्टियों पर इसे आसानी से उगाया जा सकता है। 4.5 से 6 पी एच वाली बलुई एवं बलुई दोमट भूमि सर्वोत्तम रहती है।

भूमि की तैयारी

चरागाह क्षेत्र पर से अधिक छायादार पौधों को काट देना चाहिए, जिससे की बीज का जमाव व पौधों की बढवार अधिक हो। यदि हो सके तो एक जुताई करके क्षेत्र को बुवाई के लिए तैयार करलें।

बीज की मात्रा एवं बोने की विधि

5–6 किलोग्राम बीज प्रति हैक्टेयर एकल फसल के लिए तथा चारागाह पर मिश्रित बुवाई के लिए 3–4 किलोग्राम बीज प्रति हेक्टेयर पर्याप्त रहता है। वर्षा प्रारम्भ होने पर छिटकवां विधि से अथवा लाइन से लाइन की दूरी 50 से.मी.रखकर बीज को बोये, बीज बोने के बाद पौधों की टहनी की सहायता से या हल्का हैरो चलाकर मिट्टी की हल्की परत से ढक देना चाहिए।

बीज उपचार

स्टाइलो के बीजों की बाहरी सतह या बीजावरण कठोर होता है अतः अच्छे जमाव के लिये बीजावरण की परत को नरम करना आवश्यक होता है। बीज को बोने से पहले उबलते हुये गर्म पानी में 1 से 1.5 मिनट तक डूबोकर निकाल लें तथा छाया में सूखाने के बाद बीज बोने के लिये तैयार हो जाता हैं। दूसरी विधि में बीज को रात भर सादा पानी में भीगो दें एवं प्रातःकाल पानी को बीज से अलग करके छाया में हल्का सूखाने के बाद बुआई करनी चाहिए जिससे कि बीज का जमाव अच्छा व शीघ्र हो सके।

खाद व उर्वरक

चारागाह की तैयारी करते समय 60–80 कुन्तल गोबर की खाद खेत में मिला दें तथा 10–15 किलोग्राम नाइट्रोजन, 40 किलोग्राम फास्फोरस प्रति हेक्टेयर की दर से बुवाई के समय खेत में डालें। इसके बाद प्रति वर्ष 15 किलोग्राम नाइट्रोजन तथा 30 किलोग्राम फास्फोरस प्रति हेक्टेयर डालते रहें।

सिंचाई

स्टाइलो खरीफ मौसम की फसल है। अतः सिंचाई की आवश्यकता नहीं पड़ती। यदि बुवाई के बाद वर्षा न हो तो एक सिंचाई करने पर पौधों की बढ़वार अच्छी होती है। मानसून में वर्षा का अभाव होने पर बुआई के 30 दिन बाद जीवन रक्षक सिंचाई करने से स्टाइलो के चारे का अच्छा उत्पादन होता है।

चराई प्रबन्ध

प्रथम वर्ष में स्टाइलों के क्षेत्र में पशुओं को चराई के लिए न भेजें, क्योकि नम मौसम में पशु चराई करते समय स्टाइलों के पेड़ों को जड़ सहित निकाल लेते हैं जिससे चरागाह क्षेत्र में पौधों की संख्या में कमी आ जाती है। अतः प्रथम वर्ष में बुवाई के 110–120 दिन बाद 10 से.मी. की उचाई पर पौधों की कटाई कर लें। दूसरे व बाद के वर्षो में वर्ष में 2–3 बार कटाई या चराई करायी जा सकती है।

उपज

उचित प्रबन्ध करने पर 250–350 कुन्तल हरा चारा प्रति हेक्टेयर प्राप्त होती है। सामान्यतया 3.50– 4.00 कुन्तल तथा उचित प्रबन्ध करने पर बीज की पैदावार 10 कुन्टल प्रति हेक्टेयर तक ली जा सकती है।

मिश्रित खेती

स्टाइलो को झाड़ीदार एवं अधिक छाया प्रदान करने वाले पेड़ों के साथ न लगायें अन्यथा बढ़वार कम होगी। यह सेन्करस, डाइकेन्थियम, हेट्रोपोगान, सेहिमा, काइसोपोगान, ब्लू पेनिक आदि घासों के साथ मिलाकर चारागाह में सफलतापूर्वक उगाया जा सकता है।

OOO

11

अकृषि भूमि में चारागाह घासों का उत्पादन

अकृषि भूमियों पर प्राकृतिक रूप से उगी घास, पेड़ व झाड़ियों की प्रति हैक्टेयर उत्पादकता कम होने के कारण चारे का उत्पादन बहुत कम है। अतः चारे का उत्पादन, उत्पादकता व उसकी नियमित उपलब्धता को बनाये रखने के लिए अच्छी किस्म की घास, दलहन तथा पेड़ व झाड़ियो से चारागाह का विकास एवं प्रबन्धन आवश्यक है। उपयुक्त वनस्पतियों का चयन कर चारागाह व वानिकी चारागाह के विकास से चारे की उत्पादकता को प्राकृतिक चारागाह के मुकाबले 4 से 8 गुणा तक बढाया जा सकता है।

1. सेवन (*Lasivrus scindicus*)

सेवन रेतीले क्षेत्रों के लिए वार्षिक वर्षा 100 से 350 मि.मी. के बीच होती है, सबसे उपयुक्त घास है। यह राजस्थान, हरियाणा व गुजरात के शुष्क क्षेत्रों में रेतीली भूमियों पर पाई जाती है। राजस्थान के सबसे अधिक सूखाग्रस्त जिलो जैसलमेर, बीकानेर व बाड़मेर की सबसे महत्वपूर्ण घास सेवन है यह घास बहुत ही सूखारोधी है। इसका जड़तंत्र बहुत विकसित होता है जो गहराई में करीब 4 मीटर तक पहुँच जाता है। पौधे की लम्बाई 0.90–1.50 मीटर होती है इसकी पत्तियों की लम्बाई 30–45 सेमी होती है।

घास की बुवाई पंक्तियों में 75 सेमी की दूरी पर 5–9 किलो बीज प्रति हैक्टेयर की दर से की जाती है। सेवन घास के चारागाह से शुष्क क्षेत्रों में 30–35 क्विंटल सूखा चारा व करीब 20 किलो बीज प्रति हैक्टेयर मिलता है। सेवन घास में बीज उत्पादन की समस्या है। अधिक वर्षा में या क्षेत्रों में चारे का उत्पादन 50–70 क्विंटल प्रति हेक्टेयर तक मिलता है। सेवन घास के चारागाह से प्रति हैक्टेअर 7–8 भेडों को वर्षभर चारा

उपलब्ध कराया जा सकता है।

घास की छोटी अवस्था में सभी प्रकार के पशु बड़े चाव से खाते है। परिपक्व घास का तना सख्त हो जाता है जिसके कारण परिपक्व घास को पशु कम खाते है। साथ ही परिपक्व घास की गुणवत्ता व पाचकता भी कम हो जाती है सेवन घास में वृद्धि की विभिन्न अवस्थाओं पर 6–14 प्रतिशत प्रोटीन होती है। प्रोटीन प्रतिशत छोटी अवस्था में अधिक होता है जो परिपक्वता के साथ घट जाता है। घास की शुष्क पदार्थ पाचकता करीब 75 प्रतिशत होती है।

उन्नत किस्में:–काजरी एम–30–5, काजरी–317, काजरी–319

2. अंजन *(Cenchrus ciliaris)*

अंजन शुष्क व अर्द्वशुष्क क्षेत्रों के लिए चारे की सबसे महत्वपूर्ण घासों में से एक है। यह राजस्थान, पंजाब, हरियाणा, गुजरात, आन्ध्र प्रदेश, तमिलनाडु, कर्नाटक, मध्य प्रदेश, पश्चिमी उत्तर प्रदेश व जम्मू की तलहटी में पाई जाती है। राजस्थान में फतेहपुर शेखावाटी क्षेत्र को इसका प्राकृतिक निवास स्थान माना जाता है। अंजन भारी भूमियों से लेकर रेतीले व पथरीले क्षेत्रों तक जहाँ वार्षिक वर्षा 100–1250 मि.मी. के बीच होती है उगाया जा सकता है लेकिन 250–750 मि.मी. वार्षिक वर्षा वाले क्षेत्र इस घास के लिए अधिक उपयुक्त है। अंजन घास को मध्यम क्षारिय भूमियों पर भी उगाया जा सकता है। ऐसी भूमियाँ जिनका पी.एच. मान 7–8 होता है, अंजन घास के लिए उपयुक्त है वैसे इसे 5.5 पी.एच. तक भी उगाया जा सकता है। जलमग्न भूमियाँ अंजन घास के लिए उपयुक्त नहीं है। घास की अच्छी वृद्वि और विकास के लिए 30–35 डिग्री सेन्टीग्रेड तापमान उपयुक्त है लेकिन घास 48 डिग्री सेन्टीग्रेड तापमान तक भी सहन करने में सक्षम है। घास की वृद्धि के लिए कम से कम 5 डिग्री सेन्टीग्रेड तापमान जरूरी है। इसकी अच्छी वृद्धि और विकास के लिए गर्म व आर्द्र जलवायु उपयुक्त है।

अंजन सूखारोधी घास है इसका जड़तंत्र काफी विकसित होता है जड़ों का क्षैतिज फैलाव करीब 2.5 मीटर व गहराई में 1.5–1.75 मीटर तक पहुँच जाती है। अच्छी तरह विकसित किये गये चारागाह से वर्षा ऋतु में

घास की लम्बाई 1.0–1.5 मीटर रहती है जबकि सिंचित भूमियों पर घास की लम्बाई सर्दियों में 40–70 से.मी. व गर्मियों में 60–85 से.मी. रहती है।

घास की बुवाई पंक्तियों में 50–75 से.मी. की दूरी पर 5–8 किलो बीज प्रति हैक्टेयर की दर से करते है। अंजन घास द्वारा विकसित किये गये चारागाह से शुष्क क्षेत्रों में 4–6 व अर्द्वशुष्क क्षेत्रों में 8–10 भेडों को वर्ष भर चारा उत्पादन कराया जा सकता है। अंजन घास के चरागाह से 30–80 क्विंटल प्रति हैक्टेयर सूखा चारा व 50–80 किलो बीज प्रति हैक्टेयर मिलता है। अंजन घास को सभी प्रकार के पशु छोटी अवस्था से परिपक्व अवस्था तक बड़े आराम से खाते है, जबकि अधिक परिपक्व अवस्था में घास की गुणवत्ता, स्वादिष्टता व पाचकता घट जाती है। वृद्धि की विभिन्न अवस्थाओं पर इसके चारे में 4–12 प्रतिशत के बीच प्रोटीन होती है, इसके चारे में तने व पत्तियों का अनुपात करीब 50 प्रतिशत होता है, चारे की पाचकता करीब 80 प्रतिशत होती है।

उन्नत किस्में:—काजरी–357, काजरी–358, काजरी–1106, मारवाड़ अंजन, बुन्देल अंजन–1, नीला अंजन मोलोपो, वाइलोला

3. मोडा धामन *(Cenchrus satigeuis)*

जिन जलवायु तथा जिन भूमियों पर अंजन घास उगाई जाती है, यहाँ मोडा धामन को भी उगाया जा सकता है लेकिन 400 मि.मी. से अधिक वर्षा वाले क्षेत्र इसके लिए अधिक उपयुक्त है। प्राकृतिक रूप से मोडा धामन उन सभी क्षेत्रों में मिलती है जहाँ अंजन पाई जाती है। मोडा धामन, अंजन के मुकाबले में कुछ कम सूखारोधी होती है इसका जड़तंत्र भी अंजन से कुछ कम विकसित होता है, जड़तंत्र का क्षैतिज फैलाव 248 से. मी. व गहराई 140 से.मी. तक पहुँच जाती है।

मोडा धामन को पंक्तियों में 50–70 से.मी. की दूरी पर 6–10 किलो बीज प्रति हैक्टेयर की दर से बोया जाता है। इस घास के चारागाह से शुष्क क्षेत्रों में 2–5 टन व अर्द्धशुष्क क्षेत्रों में 8–10 टन सूखा चारा तथा 100–120 किलो बीज प्रति हेक्टेयर मिलता है। घास की वृद्धि की विभिन्न अवस्थाओं पर इसके चारे में 4–11 प्रतिशत प्रोटीन होती है। घास की शुष्क पदार्थ पाचकता करीब 70 प्रतिशत होती है, मोडा धामन छोटी

अवस्था से लेकर परिपक्व अवस्था तक सभी प्रकार के पशुओं द्वारा बडे चाव से खाई जाती है लेकिन परिपक्व होने पर घास की गुणवत्ता व पाचकता कम हो जाती है।

उन्नत किस्में:–मारवाड धामन, पूसा येलो अंजन

4. ग्रामना *(Penicum antidotale)*

ग्रामना बलुई मिट्टी से लेकर चिकनी मिट्टी वाले क्षेत्रों के लिए जहाँ वार्षिक वर्षा 250–900 मि.मी. के बीच होती है, उपयुक्त घास है। यह महाराष्ट्र, कर्नाटक, उत्तर प्रदेश व गुजरात में पाई जाती है। घास का जड़तंत्र काफी विकसित होता है, जिसका क्षैतिज फैलाव 3 मीटर व गहराई 2 मीटर से भी अधिक पहुँच जाता है। घास की लम्बाई 1.25–1. 50 मीटर होती है। इसकी बुवाई पंक्तियों में 50–75 से.मी. की दूरी पर 2. 5–3.5 किलो बीज प्रति हेक्टेयर की दर से की जाती है। इसके चरागाह से प्रति हेक्टेअर 40–70 क्विंटल सूखा चारा मिलता है जो अच्छी वर्षा वाले क्षेत्रो में उर्वरक भूमियों पर 100 क्विंटल तक पहुँच जाता है। ग्रामना घास का बीज उत्पादन करीब 70 किलो प्रति हेक्टेयर है। शुष्क क्षेत्रों में ग्रामना घास के चारागाह से प्रति हेक्टेयर 3–4 व अर्द्धशुष्क क्षेत्रों में 4–5 भेड़ों को वर्षभर चारा उपलब्ध कराया जा सकता है।

पशु ग्रामना को अन्य घासों जैसे अंजन, मोडा धामन, करड़ व सेवन के मुकाबले कम खाना पसन्द करते है। परिपक्व होने पर इसका तना सख्त हो जाता है जिसके खाने से पशुओं के मुँह में घाव बन जाते है। अतः परिपक्व घास को पशु सामान्यतया नहीं खाते है, छोटी आवस्था में पशु इसे खा लेते है। इसकी शुष्क पदार्थ पाचकता करीब 85 प्रतिशत के बीच होती है। वृद्धि की विभिन्न अवस्थाओं पर घास में 4–14 प्रतिशत के बीच प्रोटीन होती है। ग्रामना घास में ऑक्जेलिक अम्ल भी अन्य घासो से अधिक होता है जो पशुओं के लिए हानिकारक है। लम्बे समय तक ग्रामना घास पशुओं को खिलाने से उनके शरीर में कैल्शियम की कमी हो जाती है। दलहन चारों में कैल्शियम की अधिकता होती है अतः ग्रामना घास को दलहन चारों के साथ मिलाकर खिलाना चाहिए।

उन्नत किस्में:–काजरी–28, काजरी–330, काजरी–627

5. करड़ (*Dichanthium annulatum*)

करड़ पशुओं की सबसे पसंदीदा घास है, इसे वृद्धि की सभी अवस्थाओं पर सभी प्रकार के पशु बडे चाव से खाते है। यह मध्यम से भारी भूमियों के लिए जहाँ वार्षिक वर्षा 400–1200 मि.मी. होती है, उपयुक्त घास है। इसे मध्यम लवणीय भूमियों पर भी उगाया जा सकता है। करड़ मध्यम सूखारोधी घास है, इसका जड़तंत्र क्षैतिज फैलाव में 1 मीटर व गहराई में 1.2 मीटर तक पहुँच जाता है। घास की लम्बाई 75–125 से.मी. रहती है, घास की बुवाई पंक्तियों में 50–75 से.मी. की दूरी पर 2–3 किलो बीज प्रति हैक्टेयर की दर से की जाती है। इसके चारागाह से विभिन्न क्षेत्रों में 30–70 क्विंटल प्रति हेक्टेयर सूखा चारा और करीब 30 किलो प्रति हेक्टेयर बीज मिलता है। करड़ घास में बीज उत्पादन अन्य घासों के मुकाबले अधिक कठिन है। करड चरागाह से प्रति हैक्टेअर 4–7 भेडो को वर्ष भर चारा उपलब्ध कराया जा सकता है। चारे में वृद्धि की विभिन्न अवस्थाओं पर 4–7 प्रतिशत प्रोटीन होती है।

उन्नत किस्में:–काजरी–490, काजरी–491, मारवल–8, आई.जी.एफ.आर. आई.–495–1

6. रोड्स (*Chloris gayana*)

इस घास को जहाँ वार्षिक वर्षा 625 से 1250 मि.मी. होती है, सफलतापूर्वक उगाया जा सकता है। यह घास शुष्क व अर्द्धशुष्क क्षेत्रों में अन्य भूमियों के साथ–साथ उसर व क्षारीय भूमियों पर भी उगाया जा सकता है। घास की बुवाई पंक्तियों में 50 सेमी की दूरी पर 4–6 किलो बीज प्रति हेक्टेयर की दर से करते है। इस घास का औसत सूखा चारा उत्पादन 30–40 क्विंटल प्रति हेक्टेयर है लेकिन अच्छी तरह प्रबन्धित चरागाह से 60–70 क्विंटल प्रति हेक्टेयर सूखा चारा प्राप्त किया जा सकता है। इस घास का चारा काफी पौष्टिक होता है जिसमें वृद्धि की विभिन्न अवस्थाओं पर 8–18 प्रतिशत क्रूड प्रोटीन व 26–35 प्रतिशत रेशा होता है। इस घास का बीज उत्पादन 100–150 किलो प्रति हेक्टेयर है। बीज अक्टूबर–नवम्बर में पककर तैयार हो जाता है।

7. धवलू *(Chrysopogon fulvus)*

इस घास को 200 से 850 मिमी वार्षिक वर्षा वाले क्षेत्रों में कंकरीली पथरीली भूमियों पर जिनकी पानी रोकने की क्षमता बहुत कम है, आसानी से उगाया जा सकता है। इसमें सूखा सहन करने की क्षमता बहुत अधिक होती है। घास को पंक्तियों में 50 सेमी की दूरी पर 6–7 किलो बीज प्रति हेक्टेअर की दर से बोते है। इस घास का औसत सूखा चारा उत्पादन 35–40 क्विंटल प्रति हैक्टेयर है लेकिन अच्छी तरह प्रबन्धित चारागाह से 75–80 क्विंटल प्रति हैक्टेयर तक सूखा चारा प्राप्त किया जा सकता है। धवलू घास का चारा अंजन घास के मुकाबले कम स्वादिष्ट होता है, जिसमें वृद्धि की विभिन्न अवस्थाओं पर 3–7 प्रतिशत प्रोटीन व 27–14 प्रतिशत रेशा होता है। इस घास का औसत बीज उत्पादन 60–100 किलो प्रति हेक्टेयर है।

8. सेन *(Sehima nervosum)*

इस घास को 300 से 2000 मिमी वार्षिक वर्षा वाले क्षेत्रों में कंकरीली, पथरीली व लाल हल्की मिट्टियों में उगाया जाता है, लेकिन 500–600 मिमी वार्षिक वर्षा वाले क्षेत्र इस घास के लिए अधिक उपयुक्त है। इस घास को 6–8 किलो बीज प्रति हेक्टेयर की दर से बोते है। यह पौष्टिक घास है जिसे जानवर वर्षा ऋतु में खाना काफी पसन्द करते है। चारे में क्रुड प्रोटीन की मात्रा 5–11 प्रतिशत व रेशा करीब 40 प्रतिशत होता है। इस घास का औसत सूखा चारा उत्पादन 50–60 क्विंटल प्रति हेक्टेयर है।

OOO

12

चारागाह का विकास एवं प्रबन्ध

सामान्यतया चारागाहों में पौष्टिक चारे का अभाव पाया जाता है। पहाड़ी क्षेत्रों में कुछ ऐसी घासे होती है जो बहुत हल्की होती है और उनका वानस्पतिक वर्द्धन भी कमजोर होता है इसको पशु ठीक से खाते भी नही है। कडी धूप पड़ने पर यह घासे शीघ्र सूख जाती है कुछ चारागाहों में ऐस काँटेदार झाडियाँ भी होती है, जिनका पर्याप्त भाग बेकार हो जाता है। चरागाहों में उनकी क्षमता से अधिक पशु चराये जाते है। लगभग तीन पशु प्रति हैक्टेअर चराई भूमि उपलब्ध है जबकि एक पशु के लिए एक हैक्टेअर अच्छे चारागाह की आवश्यकता होती है। इससे पशुओं को आवश्यकतानुसार चारा नहीं मिलता है और अनियमित रूप से चरने के कारण चारागाह नष्ट हो जाते है। सामान्यतया पशुओं को चराने का कोई उत्तम प्रबंध नहीं है कि कब, कितने समय और किस तरीके से पशुओं को चराया जाए। इससे चारागाहों की हालत और खराब है। चरागाह हमेशा बड़े क्षेत्रों में विकसित किये जाने चाहिए। चारागाह विकसित करने से पहले पूरे क्षेत्र को 4–5 बराबर हिस्सों में बांट ले और संभव हो तो पूरे क्षेत्र का करीब 5 प्रतिशत क्षेत्र पर सिंचित चारे की भी व्यवस्था हो ताकि सूखा व अकाल के समय में भी पशुओं को पर्याप्त चारा मिल सके। निम्न बिन्दुओं को ध्यान में रखकर चारागाह विकास किया जा सकता है।

चरागाह के लिए घास व दलहन का चुनाव

चारागाह का उत्पादन बढाने के लिए उचित किस्म में चारे का चुनाव बहुत ही महत्वपूर्ण है। चारागाह के लिए उचित घास व दलहन का चुनाव उस स्थान की जलवायु, स्थलाकृति, मिट्टी चारे की उत्पादन क्षमता एवं

अन्य गुणों पर निर्भर करता है। इसलिए किसी चारागाह का उत्पादन बढाने के लिए उचित घास व दलहन का ज्ञान होना बहुत जरूरी है। प्रमुख दलहनें तालिका में दर्शाई गई है। घासों का विवरण पूर्व अध्याय में किया गया है।

तालिका :–शुष्क व अर्द्धशुष्क क्षेत्रों के लिए प्रमुख चारागाह दलहनें

दलहनों का नाम	सूखारोधी गुण	उपयुक्त वार्षिक वर्षा (मि.मी.)
क्लाईटोरिया टर्नेशिया	बहुत अच्छा	300–750
स्टाइलोसेन्थस हमाटा	सर्वोत्तम	500–1270
स्टाइलोसेन्थस हयूमिलिस	अच्छा	250–1000
स्टाइलोसेन्थस ग्वानेन्सिस	अच्छा	600–2500
स्टाइलोसेन्थस स्काबरा	बुहत अच्छा	325–1200
लबलब–परप्यूरियस	अच्छा	700–2500
मेक्रोपटिलियम आट्रोपरप्यूरियम	अच्छा	600–2000

बुवाई का समय

साधारणतया बुवाई का समय किसी स्थान की जलवायु भूमि में नमी की मात्रा और तापमान के ऊपर निर्भर करता है। शुष्क व अर्द्धशुष्क जलवायु वाले क्षेत्रों में घास व दलहनी चारे के बीजों की बुवाई का उचित समय वर्षा ऋतु है। वर्षा ऋतु के शुरू होते ही बीज की बुवाई करनी चाहिए। जुलाई का महीना बुवाई के लिए सबसे उपयुक्त है।

खेत की तैयारी

चारागाह विकसित करने के लिए वर्षा ऋतु से पहले चारागाह विकसित किये जाने वाले क्षेत्र से बेकार वनस्पति को काटकर साफ कर दें। बाद में डिस्क कल्टीवेर व हैरो से जुताई करके जमीन को बुवाई योग्य बना लें। ढालू जमीन पर 8 से 10 मीटर के फासले पर 23 सेमी गहरी और 50 सेमी चौड़ी कन्टुर नालियां बनाकर घास लगाने से चारा उत्पादन के

बहुत अच्छे परिणाम मिले है। कन्टूर नालिया बनाने से वर्षा का अधिक से अधिक पानी जमीन द्वारा सोखा जाता है और मृदा का कटाव भी कम होता है इसके अलावा समतल भूमि में एक मीटर के फासले पर 30 सेमी चौड़ी और 15 सेमी गहरी तथा 75 सेमी चौड़ी ऊंची डोलिया बनाकर नालियों में घास लगाने से घास अधिक उगती है और चारा भी अधिक मिलता है।

बुवाई

तैयार किये गये खेत में वर्षा होने पर घास व दलहन के बीज की बुवाई कर देते है। बीज 1–2 से.मी. से अधिक गहराई पर नहीं जाना चाहिए। बुवाई छिटकवां विधि से या पक्तियों में करते है। अन्तर्कषण क्रियाओं की सुविधा के लिए पक्तियों में बुवाई करना अच्छा रहता है। घास व उसकी प्रजाति का चयन जमीन की किस्म के आधार पर करते है। घास का बीज बोने से 8–10 घण्टे पहले पानी में भिगोकर बाद में साधारण पानी से धोकर बोने से जमाव में सुधार के परिणाम मिले है। शुष्क क्षेत्रों में पाई जाने वाली अधिकतर बहुवर्षीय घासो के बीज के ग्लूम्स (बीज के ऊपर की भूमि) में एन्थोसाइनीन व फिनोलिक कम्पाउन्ड्स होते है जो बीज को जमने से रोकते है। यह कम्पाउन्ड्स पानी में घुलनशील होते है यही कारण है कि पानी में भिगोने से बीज के जमाव में सुधार मिलता है। एक से दो वर्ष पुराना बीज बोने से भी जमाव में सुधार मिलता है। साधारणतया शुष्क व अर्द्धशुष्क क्षेत्रों में पायी जाने वाली घासों के बीज में 15–35 प्रतिशत तक जमाव मिलता है।

रेत के टीलों पर घास के बीज की गोलियॉ बनाकर बोनी चाहिए। गोलियाँ ट्रेक्टर के पिछले टायर की बनी एक हस्तचलित साधारण मशीन से बनाते है इस मशीन में ट्रैक्टर के पिछले टायर को लोहे के स्टैण्ड पर फिट किया जाता है, टायर को घुमाने के लिए उसमें एक हत्था लगा होता है। गोलियाँ बनाने के लिए घास का बीज 01 भाग, चिकनी मिट्टी 02 भाग, रेत 01 भाग तथा सड़ी गोबर या कार्बनिक खाद 01 भाग को अच्छी तरह मिलाकर टायर में डाल देते है, फिर हत्थे की सहायता से टायर को घुमाते है, साथ ही टायर में भरे मिश्रण पर फव्वारे से पानी का छिड़काव करते है। कुछ देर में गोलियॉ बनकर तैयार हो जाती है। इन गोलियाँ को

टायर से निकालकर छाया में सुखा लेते है और सूखने के बाद बोरों में भरकर गोदाम में रख देते है तथा वर्षा होने पर खेत में बो दिया जाता है। ध्यान रहे कि गोलियाँ गर्मी के मौसम में बनाने और बनाने के तुरन्त बाद सुखा दे क्योंकि अधिक समय तक गोली के नम रहने से बीज जम जाता है। एक गोली में 2–5 बीज रहते है। गोली बनाकर बुवाई करने से सेवन व करड़ घासों में दूसरी घासों के मुकाबले जमाव के ज्यादा अच्छे परिणाम मिले है। सेवन रेतीले क्षेत्रों की घास है, रेतीली मिट्टी की जलग्रहण क्षमता कम होती है तथा हवा चलने पर रेतीले क्षेत्रों में वायु अपरदन भी बहुत अधिक होता है जिससे घास का बीज हल्का होने के कारण रेत के साथ उड़ जाता है और बचे हुए बीज में भी अगर लगातार 4–5 दिन वर्षा न हो तो जमाव कम आता है क्योंकि रेतीली मिट्टी की जलग्रहण क्षमता कम होने के कारण बीज को पर्याप्त समय तक नमी नहीं मिल पाती है। गोलियाँ बनाकर बोने से हवा द्वारा बीज की गोलिया उड़ती भी कम है दूसरे गोली में कार्बनिक खाद व चिकनी मिट्टी पानी सोखकर काफी समय तक बीज को नमी प्रदान करती है। यही वजह है कि गोली बनाकर बीज बोने से सेवन घास में अच्छा जमाव मिलता है। करड़ घास का बीज बहुत हल्का व छोटा होने के कारण उसका प्लेसमेंट ठीक से नहीं हो पाता है, गोली बनाकर बोने से बीज को ठीक जगह पर बोया जा सकता है।

खाद एवं उर्वरकों का प्रयोग

अच्छे किस्म के चारागाह स्थापित करने तथा उससे अधिक उत्पादन लेने के लिए रासायनिक एवं गोबर की खाद का प्रयोग करना लाभप्रद है। प्रति इकाई क्षेत्र में उर्वरक की मात्रा और प्रकार, भूमि, जलवायु और पौधे की किस्म पर निर्भर करती है। देश के विभिन्न क्षेत्रों में भूमि की उर्वरता और जलवायु में बहुत अधिक अंतर होने के कारण सभी फसलों और खेतों के लिए उर्वरक की एक जैसी मात्रा निश्चित करना बहुत मुश्किल है। फिर भी चारागाह से अधिक उत्पादन लेने के लिए खेत की अंतिम जुताई के समय 8 से 10 टन प्रति हैक्टेयर गोबर की खाद डालनी चाहिए तथा ऐसे क्षेत्र जहॉ औसत वार्षिक वर्षा 300 मि.मी. या इससे कम होती है, 20 किलो नाईट्रोजन व 20 किलो फास्फोरस तथा जहॉ 300 मि.

मी. से अधिक वार्षिक वर्षा होती है वहाँ 40 किलो फास्फोरस व 40 किलो नाईट्रोजन प्रति हैक्टेयर बुवाई के समय भूमि में मिला देनी चाहिए, बाद में प्रत्येक चराई अथवा घास की कटाई के बाद 25–40 किलो नाइट्रोजन प्रति हैक्टेयर छिड़कनी चाहिए। उर्वरकों के प्रयोग से चारे के उत्पादन के साथ–साथ उसकी गुणवत्ता व पौष्टिकता भी बढती है।

चरागाह में दलहनी का लगाना

चरागाह से चारे का उत्पादन व उसकी गुणवत्ता बढाने के लिए घास की पंक्तियों के बीच में दलहनों को बोया जाता है, ये दलहनें राइजोबियम बैक्टीरिया द्वारा जो कि इन पौधों की जड़ों की गांठों में होते है, वायुमण्डल की नाईट्रोजन का स्थिरीकरण कर मृदा की उत्पादकता को बढाते है। चरागाह में दलहन लगाने से चारे के उत्पादन में 20–25 प्रतिशत वृद्धि हो जाती है। दलहनों में प्रोटीन प्रतिशत (15–20 प्रतिशत) घासों (4–12 प्रतिशत) से अधिक होता है। और घास चारे में रेशा अधिक होता है, इस प्रकार घास व दलहन चारे को साथ–साथ खिलाने से पशुओं को सन्तुलित चारा मिलता है। साधारणतया घास चारों में ऑक्जेलिक अम्ल पाया जाता है जिसके कारण अकेले घास चारे को लम्बे समय तक खिलाने से पशुओं के शरीर में कैल्शियम की कमी हो जाती है। दलहन चारों में कैल्शियम की अधिकता होती है अतः दलहन चारे से अन्य तत्वों के साथ–साथ कैल्शियम की भी पूर्ति होती है। घास व दलहन साथ–साथ उगाने से चारे में वृद्धि के साथ–साथ उसकी गुणवत्ता व पाचकता दोनों में सुधार आता है।

चराई

उचित चराई के लिए चारागाह को 4–5 बराबर हिस्सों में बांट लें और प्रत्येक भाग में उसकी चराई क्षमता के अनुसार बारी–बारी से पशु चरायें। सम्भव हो तो एक हिस्से में पशु न चराकर उसकी घास को भविष्य में चारे के अभाव के समय के लिए काटकर अथवा साइलेज के रूप में संरक्षित कर ले। चराई के लिए इस तरह की व्यवस्था होनी चाहिए कि चराई के समय घास 50 प्रतिशत पुष्पावस्था पर हो। जब एक हिस्से की घास का करीब 70 प्रतिशत भाग पशुओं द्वारा चर लिया जाये तब उस हिस्से की

चराई का यही क्रम रहना चाहिए। तैयार किये गये चारागाहों में पहले की घासें भली भांति बढ जाए तो अगस्त–सितम्बर से चारागाह में उपयुक्त तरीके से चराई आरम्भ करनी चाहिए।

उपज

विकसित किये गये चारागाहों से शुष्क क्षेत्रों में जहाँ औसत वार्षिक वर्षा 250 मि.मी. या इससे कम होती है, सूखे चारे का औसत उत्पादन 10–15 क्विंटल प्रति हैक्टेअर प्रति वर्ष मिलता है तथा 2–3 पशु ईकाई को पूरे वर्ष पर्याप्त मात्रा में चारा उपलब्ध कराया जा सकता है जहाँ औसत वार्षिक वर्षा 250–400 मि.मी. के बीच होती है, सूखे चारे का औसत उत्पादन 20–25 क्विंटल मिलता है तथा 5–8 पशु इकाई को वर्षभर चारा उपलब्ध कराया जा सकता है। जहाँ औसत वार्षिक वर्षा 400–600 मि.मी. होती है, 25–36 क्विंटल प्रति हेक्टेयर चारा मिलता है और 7–9 पशु इकाई को वर्षभर चारा उपलब्ध कराया जा सकता है। इसके विपरीत इन क्षेत्रों में प्राकृतिक चरागाह से प्रति हैक्टेयर केवल 1–2 भेड़ों को ही वर्षभर चारा उपलब्ध कराया जा सकता है। गाय, सांड, भैंस, बकरी तथा ऊंट को पशु इकाई में परिवर्तित करने के लिए 1.0, 1.3, 1.5, 0.2, 0.3 तथा 1.7 से गुणा करते है।

एक बार विकसित किये गये चारागाह से 4–6 वर्षो तक चारे की अच्छी उपज मिलती है। लेकिन बाद में उपज घट जाती है। परन्तु अन्तकर्षण क्रियाओं जैसे होइंग, खरपतवारों को बाहर निकालना (वीडिंग), गर्मियों में चरागाह को जला देना, चारा दलहनों का लगाना व उर्वरकों के प्रयोग से अधिक वर्षो तक भी चारागाह से अच्छी उपज ली जा सकती है। सेवन घास के चरागाह तो 20 से भी अधिक वर्षों तक उपज देते है।

OOO

13

चारा वृक्ष एवं झाड़ियाँ

1. गिलरिसिडा *(Gliricidia Sepium)*

गिलरिसिडा एक बहुउद्‌देशीय चारे वाला वृक्ष हैं। सूबबूल के बाद दूसरे स्थान पर इस वृक्ष को संसार में लगाया जाता हैं। यह एक मध्यम आकार का दलहनी वृक्ष है जिसकी ऊंचाई लगभग 10–12 मीटर होती है। इसकी पत्तियों की लम्बाई 30 से.मी. तक होती है। यह वृक्ष चारा पैदा करना, लकड़ी की बल्ली, हरी खाद बनाना, जलाऊ लकड़ी इत्यादि के लिए लगाया जाता हैं। इसकी पत्तियों में 20–30 प्रतिशत क्रूड प्रोटीन, क्रूड रेशा 15 प्रतिशत शुष्क पदार्थ के आधार पर पाया जाता हैं। इसके हरे चारे की पाचकता 65 प्रतिशत तक होती है। इसकी पत्तियो को कम पोषक मूल्य वाले चारे (घास, भूसा इत्यादि) के साथ 20–40 प्रतिशत तक मिलाकर पशुओं को खिलाने से पशुओं का वजन व दूध उत्पादन बढ़ जाता है।

गिलरिसिडा को लगभग सभी प्रकार की जलवायु एवं भूमियों पर लगाया जा सकता हैं। इसमें सूखा सहन करने की क्षमता होती हैं।

इसके नये पौधे बीज और कटिंग दोनों विधियों से तैयार किये जा सकते है। लेकिन बीज द्वारा स्वस्थ पौधें तैयार होते है। मानसून आने पर इसके पौधों को आवश्यकतानुसर (बाड़ लगाने, चारागाह प्रबन्धन, हरी खाद, कृषिवानिकी इत्यादि) लगाते हैं। इसकी बढ़वार बड़ी शीघ्रता से होती हैं। फूल आने तक इसके पौधे 6–7 महीने में 3 मीटर की ऊंचाई के हो जाते हैं।

नम व तर जलवायु वाले क्षेत्रों में पौधे पर पत्तियां वर्ष भर बनी रहती

है लेकिन वर्षा आधारित क्षेत्रो में मार्च से लेकर जून तक पेड़ बीना पत्तियां के रहते है लेकिन वर्षा होने पर शीघ्रता से नई पत्तियां निकल आती है। फरवरी–मार्च में फूल निकल आते हैं। उचित कटाई प्रबन्ध करने से गर्मी के मौसम में भी हरे चारे की प्राप्ति की जा सकती हैं। एक हेक्टेयर क्षेत्र से लगभग 20–200 कुन्तल हरा चारा वर्ष भर में प्राप्त किया जा सकता है। एक वर्ष में कटाई 2–3 बार किया जा सकता है।

2. अगस्ती *(Sesbania grandiflora)*

यह एक बहुउद्देशीय चारा प्रदान करने वाला वृक्ष हैं। इसका प्रयोग हरी खाद बनाने मे व चारा उत्पादन करने में किया जाता हैं। इसका पोषक मूल्य अधिक होता है। बकरी, गाय, भेड़ व भैंसें बड़े चाव से इसके चारे को खाते है। इसकी पत्तियों में लगभग 22–30 प्रतिशत तक क्रूड प्रोटीन, 10–18 प्रतिशत काबोहाइड्रेट, 7–17 प्रतिशत क्रूड रेशा, 0.38–0.50 प्रतिशत फास्फोरस, 1–2 प्रतिशत कैल्शियम होता है तथा इसकी पाचनशीलता 65–70 प्रतिशत तक होती है। इसके पौधे की ऊंचाई 15 मीटर तक होती है। इसकी पत्तियां की लम्बाई 30 से.मी. जिसमें 20–50 लीफ लीटस होती हैं, गर्म व तर जलवायु का वृक्ष है। ठण्डे स्थानों पर यह नहीं पाया जाता हैं। जलमग्न क्षेत्रों मे भी इसके वृक्ष मरते नही हैं। हल्की क्षारीय मृदाओं में भी इस वृक्ष को लगाया जा सकता है। मानसून आने पर बीज द्वारा इसके पौधे लगाने चाहिए। इसके पौधों की बढवार शीघ्र होती हैं। 6 महिने मे ही 4–5 मीटर लम्बे पौधे हो जाते है।

कटाई प्रबन्ध : इस वृक्ष को वर्ष में बार–बार कटाई नहीं करनी चाहिए साथ ही मूल तने को कभी भी नहीं काटना चाहिए। हरा चारा प्राप्त करने के लिए केवल चारों तरफ से शाखाओं को काटना चाहिए। वृक्ष की 1.5 से 2 मीटर ऊचाई होने पर शाखाओं को काटते हैं। इस प्रकार 3–4 वर्ष तक चारा प्राप्त किया जा सकता हैं। एक वृक्ष से लगभग 2 किलोग्राम शुष्क पदार्थ प्रति कटाई प्राप्त होता है। 3–4 वर्ष के बाद पौधों की अधिक ऊंचाई हो जाती है जिसमें चारा प्राप्त करने में परेशानी आती हैं। अतः इन वृक्षों को गिरा दें तथा नये वृक्ष लगा दे। तने की लकड़ी को मकान बनाने या

जलाने में प्रयोग कर सकते हैं।

3. शेवरी *(Sesbania sesban)*

इसकी पत्तियों को भेड़ व पालतू जानवर बड़े चाव से खाते हैं। पत्तियों में 20–26 प्रतिशत क्रूड प्रोटीन, 15 से 30 प्रतिशत क्रूड रेशा, 7–8 प्रतिशत राख, 0.1 से 0.27 प्रतिशत फास्फोरस, 1–1.3 प्रतिशत कैल्शियम पाया जाता है। इसकी पाचनशीलता 66–72 प्रतिशत तक पाई जाती है। इसके पौधे 8 मीटर तक की लम्बाई वाले होते हैं। पत्तियों की लम्बाई10–18 से.मी. जिसमें 10–27 लीफ लेट्स होते हैं। इसके पौधे कुछ हद तक ठण्ड बर्दाश्त कर लेते है। इसके वृक्ष 500–2000 मी.मी. वर्षा वाले स्थान पर आसानी से लगाये जा सकते है।

इसके बीजों को बोने से पहले से खुरच लें या बोने से पूर्व 24 घण्टे तक ठण्डे पानी में भिगायें जिससे बीज आवरण नरम हो जाये। ऐसा करने से जमाव अच्छा व एक सा होता है।

कटाई प्रबन्ध : एक वर्ष में साधारणतः 3–4 बार हरे चारे की कटाई की जाती है। कुछ स्थानों पर उचित प्रबन्ध करने से वृक्षों को एक वर्ष में आठ बार तक चारे के लिए काटा जा सकता है। एक हेक्टेयर क्षेत्र से लगभग 400–1200 कुन्तल शुष्क पदार्थ प्राप्त होता है।

4.नूतन *(Dichrostachys cinerea)*

नूतन एक बहुउद्देशीय वृक्ष है। यह आयुर्वेदिक औषधियां एवं चारा उत्पादन में प्रयोग होता है। इसकी ऊंचाई 3 से 5 मीटर तक होती है। इसके तने की छाल का रंग चॉदी जैसा स्लेटी एवं भूरा होता है। मध्य एवं दक्षिण भारत की पथरीली एवं शुष्क क्षेत्र में नूतन के पेड़ काफी मिलते हैं। इसकी पत्तियां एवं फलियां पोषक और स्वादिष्ट होती है। जिन्हे भेड़, बकरी, ऊंट, भैसें बड़े चाव से खाते हैं। इसकी लकड़ी बढ़िया किस्म की चारकोल तथा लाठियां एवं डंडे बनाने के काम आती हैं।

नूतन का वृक्ष गहरी चिकनी मिट्टी जहाँ की औसत वर्षा 400–800 मी.मी. तक होती है अच्छी पैदावार देता है। पथरीली भूमि पर भी इसे उगाया जा सकता है। यह 20 से 50 डिग्री सेन्टीग्रेड तक का तापमान

सहन कर लेता है।

पौध लगाना : प्रकृति रूप में इसके नये पौधे पुराने पौधों की जड़ों से पैदा होते रहते हैं। अनुसंधानों के अनुसार जड़ों की कलम तथा जड़ों के कल्लों को लगाने पर अच्छे परिणाम प्राप्त हुये हैं। बीजों को सांद्र सल्फूरिक अम्ल में 15–20 मिनट तक उपचारित करने के बाद पॉलीथीन बैग में लगाकर भी नर्सरी तैयार की जा सकती है। वर्षा के मौसम मे 30–45 से.मी. गहरे गड्ढों में 5–6 महिने पुराने पौधे लगाये जाते हैं। वन चारागाह पद्धति के लिए पौधे से पौधे की दूरी 5X5 मीटर रखते हैं।

कटाई प्रबन्धन : वन चारागाह पद्धति में नूतन के वृक्षों को तीसरे वर्ष बाद प्रति वर्ष 50 प्रतिशत तक काट–छाँट करते रहते हैं जिससे चरागाह के घासों का अच्छा उत्पादन मिल सके। पौधे की ऊंचाई के आधे भाग तक कॉंट–छाँट करने पर लगभग 10–16 किलोग्राम तक शुष्क पत्तियां एवं टहनीयां प्राप्त की जा सकती है। शोध परिणामानुसार प्रति वर्ष लगभग 2 किलोग्राम कुल शुष्क पदार्थ की वृद्धि एक वृक्ष में होती है।

5. सुबबूल *(Leucaena leucocephala)*

सूबबूल का जन्म स्थान मध्य अमेरिका है। सूबबूल दलहनी परिवार का सदस्य होने के नाते संसार के बहुत बड़े भाग में बहुउद्देशीय वृक्ष रूप में प्रयोग किया जाता है। भारत में इसे साधारणतः खेतों व उद्यानों में चारा एवं बाड़ के रूप में उगाया जाता है। सैकड़ों वर्ष पहले सूबबूल को घोड़ों के चारे के रूप में जाना जाता था। इसके पेड़ से चारा, लकड़ी, हरी खाद, चारकोल एवं लीफ मिल इत्यादि प्राप्त होता है। हमारे देश में कृषिवानिकी में सुबबूल का प्रयोग बहुतायत मे हो रहा है। सुबबूल के चारे में 20–25 प्रतिशत क्रूड प्रोटीन, 30–33 प्रतिशत शुष्क पदार्थ, कैरोटिन 275 पी पी एम, कुल पाच्य पदार्थ लगभग 70 प्रतिशत होते हैं।

जलवायु : गर्म आर्द्रता वाली जलवायु में इसकी बढ़वार एवं उत्पादन अधिक होता है। वैसे इसको 250 मी.मी. से 1700 मी.मी. वर्षा वाले सभी क्षेत्रों पर उगाया जा सकता है। इसमें सूखा सहन करने की क्षमता होती है।

भूमि की तैयारीः एक गहरी जुताई मिट्टी पलटने वाले हल से तथा 2 जुताई हैरो या कल्टीवेटर से करनी चाहिए। पौध तैयार करने के लिए

खेत में खरपतवार नहीं होने चाहिए। तैयार पौधा को खेत में लगाने के लिए विशेष तैयारी की आवश्यकता नही होती।

भूमि : यह सभी प्रकार की भूमियों में उगाया जा सकता है। अधिक आर्द्रता एवं क्षारीय मृदा में भी इसे सफलतापूर्वक उगाया जा सकता है लेकिन अम्लीय मृदाओं में इसके लिए उपयुक्त नहीं होती है।

प्रजातियां : के–8, सिल्वी–4, एस–10, एस–24, इग्रफी–23 ।

बीज उपचार : सुबबूल का बीज आवरण बहुत कठोर होता है। अतः उचित अंकुरण के लिए इसके बीज को उबलते पानी में (लगभग 30 डिग्री सेन्टीग्रेट) 3–4 मिनट डुबायें इसके बाद इन बीजों को ताजा पानी में डेढ़ से दो दिन तक भिगों कर रखें। तदोपरान्त भिगे एवं फूले हुये बीजों को छायादार स्थान पर हल्का सुखायें। इस उपचार से बीजों की सुषुप्ता भी खत्म हो जाती है।

बोने का समय एवं विधि : पौध अधिकतर मानसून आने पर लगाये जाते है लेकिन दक्षिण–पूर्वी क्षेत्रों में सुबबूल के पौधे सालभर कभी भी लगाया जा सकते हैं।

तैयार खेत में हल के पीछे कूड़ों में बीज डालकर इसकी बुवाई की जा सकती है। लेकिन उचित दूरी एवं अधिक बढवार के लिए नर्सरी में पौध उगाकर व तैयार पौधों को सुविधानुसार लगाना अच्छा रहता हैं।

नर्सरी उगाना : मई माह में पोलीथिन की थैलियों में मृदा एवं गोबर की खाद का मिश्रण (2.1) भर लें। थैलियों का आकार 18 X 12 से.मी. होना चाहिए। अब इन थैलियों में 2 या 3 उपचारित बीज डाल दें। साथ ही अंकुरण निकलने तक हल्की सिंचाई करते रहें। अंकुरण के बाद दो दिन के अन्तराल पर हजारा से सिंचाई करते रहें। जब पौध 50–60 दिन का हो जाय तो तैयार गड्ढों में पौध लगा दें। ध्यान रहे कि प्रत्येक पोलिथीन में केवल एक ही स्वस्थ पौधा रहे दूसरे पौधों को नष्ट कर दें।

पौध लगाना : 45 X 45 X 45 से.मी. के तैयार गड्ढों में पौधे से पौधे की दूरी 1 मीटर तथा लाइन से लाइन की दूरी 2 मीटर रखकर पौधों को लगाना चाहिए। एक हेक्टेयर क्षेत्र के लिए 3–4 किलोग्राम बीज पर्याप्त रहता हैं।

खाद एवं उर्वरक : 100 कुन्टल गोबर की खाद, 50 किलो फास्फोरस प्रति हेक्टेयर भूमि तैयार करते समय खेत में मिला दें। बुवाई के समय 25 किलो नाइट्रोजन प्रति हेक्टेयर डालने से जमाव अच्छा होता है। अच्छी बढवार के लिये प्रति वर्ष 20 किलोग्राम फास्फोरस मानसून आने से पूर्व डालें।

अन्तःक्रिया एवं सिंचाई : लगभग 60 दिन तक पौधों के पास अन्य खरपतवार न उगने दें साथ ही सर्दियों में 30 दिन के अन्तर व गर्मी में 15 दिन के अन्तर पर सिंचाई करने से हरे चारे की आपूर्ति लगातार होती रहती है।

कटाई प्रबन्ध : दक्षिण एवं उत्तर–पूर्वी क्षेत्रों में जहाँ तापमान बढ़वार के लिए अनुकूल है पहली कटाई पौध लगाने के 6 माह बाद करें एवं बाद की कटाईयां वर्षा के मौसम में 40 दिन एवं गर्मियों में 50 दिन के अन्तराल पर करते रहें।

उत्तरी भारत में प्रथम कटाई पौध लगाने के 9 महिने बाद करें। बाद की कटाइयां 40 दिन (वर्षा से), 50 दिन (गर्मी) एवं 60 दिन (सर्दी) के अन्तराल पर करते रहें। ध्यान रहे कि टहनियों की मोटाई 5–6 मी.मी. से अधिक न होने पायें। साथ ही पौधों की कटाई 50 से.मी. की ऊंचाई पर करते रहें।

उपज : प्रथम वर्ष लगभग 400–500 कुन्तल हरा चारा प्राप्त हो जाता है। बाद के वर्षों में 1000–1200 कुन्तल हरा चारा प्रति हेक्टयर प्राप्त होता रहता है।

खिलाई : सुबबूल की पत्तियों में मीमोसीन पदार्थ पाया जाता है। अतः पशुओं को सुबबूल अकेले राशन के रूप में नहीं खिलाना चाहिए। अन्यथा पशु का स्वास्थ्य खराब हो जाता है। वयस्क गाय एवं भैसों के कुल राशन में लगभग 30 प्रतिशत, 1 साल से 2 साल तक के गाय एवं भैस के बच्चों को 25 प्रतिशत एवं 6 माह से 1 साल तक के बच्चों को 20 प्रतिशत से अधिक सुबबूल का चारा नहीं खिलाना चाहिए।

मीमोसीन विषाक्तता के लक्षण :

1. बाल गिरना एवं पशु को कम भूख लगना।
2. थाइराइड ग्रन्थि का बढ़ना एवं गले में सूजन आना।
3. गर्भित पशु कम वजन के बच्चे को जन्म देते है जो कि 3–4 दिन के बाद मर जाते है।

6. अरडू (*Ailanthus excelsa*)

यह पूरे भारत वर्ष में पाये जाने वाला चारे का वृक्ष है। खासतौर से गुजरात, राजस्थान, हरियाणा, पंजाब, उत्तर प्रदेश, बिहार, उड़ीसा आदि प्रदेशों में बहुतायत में पाया जाता हैं। इसे मीठी नीम के नाम से भी जाना जाता है। अधिक वर्षा वाले क्षेत्रों में अरडू नहीं उगाया जा सकता है। इसकी पत्तियां बहुत ही स्वादिष्ट एवं पोषक तत्वों से भरपूर होती है। हरे चारे में लगभग 13–16 प्रतिशत पाच्य प्रोटीन, क्रूड फाइबर 14–21 प्रतिशत, कैल्शियम 1.5 से 2.00 प्रतिशत, फास्फोरस 0.17 से 0.26 प्रतिशत, कुल पाच्य तत्व 63 से 64 प्रतिशत शुष्क पदार्थ के आधार पर पाये जाते है।

अरडू के पौधों की अच्छी बढवार के लिए बलुई दोमट भूमि अच्छी रहती है। इसके पौधों की रोपाई 1x1x1 मीटर के आकार के गड्ढों में करते हैं। मध्य भारत में फरवरी–मार्च तथा उत्तर भारत में अप्रैल के महिने मे अरडू के पेड़ पर फूल लगते हैं। फरवरी के मास में पुरानी पत्तियां गिर जाती है और मार्च–अप्रैल में नई पत्तियां निकल आती है। इसकी पत्तियां 1 मीटर लम्बी होती है जिसमें 8–14 के समूह मे लीफ लीफलेट्स होते हैं। मई–जून के महिने में फलों को पीला होने पर तोड़ लेते हैं अन्यथा हवा से नीचे गिर जाते हैं। फलों को छाया में सुखाकर बीज अलग कर लेते हैं। तैयार बीज को इस वर्ष प्रयोग कर लेना चाहिए अन्यथा जमाव नहीं होगा।

एक पेड़ से लगभग 5 से 7 कुन्टल हरी पत्तियां वर्ष में दो बार प्राप्त होती है। इसकी पत्तियों को सुखाकर हरे चारे की कमी के समय में भी प्रयोग किया जा सकता है। भेड़ व बकरियां इसकी पत्तियां व कोमल टहनियों को बड़े चाव से खाती है।

7. खेजड़ी (*Prosopis cineraria*)

खेजड़ी भारत वर्ष के शुष्क प्रदेश जैसे–राजस्थान, हरियाणा, पंजाब, गुजरात, पश्चिम उत्तर प्रदेश के क्षेत्रों में पाया जाने वाला बहु उद्देशीय वृक्ष हैं। खेजड़ी की छाया के नीचे शुष्क प्रदेश में फसलें आसानी से पैदा की जा सकती है। खेजड़ी की जड़ नीचे की ओर गहराई तक जाती है। अतः कृषि क्रियाओं में बाधा उत्पन्न नहीं होती। खेजड़ी हरे चारे की कमी के समय पोषक तत्वों से भरपूर पत्तियां एवं फली प्रदान करने वाला वृक्ष है। शुष्क पदार्थ के आधार पर इसमें 14–15 प्रतिशत क्रूड प्रोटीन, 2–3 प्रतिशत कैल्शियम, 0.20 से 0.52 प्रतिशत फास्फोरस इत्यादि पाये जाते हैं।

शुष्क प्रान्तों में इसकी पत्तियों की कटाई सर्दी के मौसम मे करते हैं और इस समय अन्य कोई हरा चारा उपलब्ध नहीं होता है। हरे चारे का उत्पादन लगभग 59 कुन्टल प्रति वृक्ष तक प्राप्त किया जा सकता है।

खेजड़ी का पौधा लगभग वर्ष भर हरा बना रहता है। नई पत्तियां, पुरानी पत्तियों के गिरने से पहले या साथ–साथ ही गर्मीयों में निकल आती है। खेजड़ी के वृक्ष पर छोटे–छोटे पीले रंग के फूल मार्च से मई तक निकलते हैं। लगभग दो माह बाद फलियां पूर्णतः विकसित हो जाती है तथा जून से अगस्त माह तक पक जाती है। इन फलियों की लम्बाई 10–20 से.मी. तक होती है। इसकी फलियों से सब्जी व अचार बनाया जाता है।

नर्सरी तैयार करना

जून–जुलाई के महिने में मानसून आने पर नर्सरी तैयार की जाती है। बीज के बोने से पहले 24 घण्टे तक ठण्डे पानी में भिगो लेना चाहिए जिससे अंकुरण अच्छा होता है। दो भाग मिट्‌टी व एक भाग गोबर की खाद का मिश्रण पोलीथीन की थैलियों मे भर लें। इन तैयार थैलियों में उपचारित दो बीज एक से.मी. की गहराई पर डाल दें। बीज बोने के चार दिन बाद अंकुरण निकल आता है। 40 डिग्री सेन्टीग्रेड तापक्रम पर अंकुरण अच्छा होता है। यदि पोलीथीन में डाले गये दोनों बीज यदि

अंकुरित हो जाते है तो दो मे से एक पौधे को काटकर पोलीथीन बैग में अलग कर दें। केवल एक पौधे की ही बढ़वार होने दें। नर्सरी में खरपतवार निकालते रहें साथ में पानी देते रहें। लगभग 1 वर्ष बाद नर्सरी के पौधे पहले से तैयार गड्ढों में 10X10 मी. के अन्तर पर लगा देते हैं तथा शेष भाग में बहुवर्षीय घास या अन्य फसल लगा देते हैं। जुलाई के प्रथम पखवाड़े में लगाये गये पौध अच्छी बढ़वार करते हैं।

खेजड़ी के बारे में एक बहुत पुरानी कहावत है कि "जिस किसान के पास 1 पेड़ खेजड़ी, एक बकरी और एक ऊंट हो वह अकाल में भी जीवन यापन कर सकता है।"

8. हेज लूसर्न (*Desmonthes vigatus*)

यह एक बहुवर्षीय दो दाल वाला पौधा है। इसका चारा बहुत पौष्टिक होता है। इसमें लगभग 22 प्रतिशत क्रूड प्रोटीन पाया जाता है। यह भूमि में वायुमण्डलीय नाइट्रोजन को स्थापित करके भूमि की उर्वराशक्ति बढ़ाता है। एक बार लगाने पर 5–6 वर्ष तक हरा चारा प्राप्त करते रहते हैं।

यह सभी प्रकार की भूमि पर उगाया जा सकता है। एक गहरी जुताई डिस्क प्लाउ से तथा 2–3 जुताई कल्टीवेटर से करके भूमि को समतल बना लें। अच्छी बढ़वार के लिए 120 कुन्टल गोबर या कम्पोस्ट खाद भूमि की तैयारी करते समय खेत में मिलायें। दो दाल वाली फसल होने के नाते 50 किलोग्राम फास्फोरस तथा 25 किलोग्राम नाइट्रोजन प्रति हेक्टेयर खेत में बुवाई के समय अवश्य मिलायें।

बुवाई : मानसून आने पर जुलाई माह में इसकी बुवाई करनी चाहिए। एक हेक्टेयर की बुवाई के लिए 15 किलोग्राम बीज की आवश्यकता होती है। लाइन से लाइन की दूरी 30 से.मी. रखनी चाहिए।

शीघ्र एवं अच्छे अंकुरण के लिए हेज लूसर्न के बीजों को गर्म पानी में उपचारित करना चाहिए। उबलते पानी में निर्धारित बीज की मात्रा 5–8 मिनट तक डुबोने के बाद छाया में सुखा लें। पौध निकलने के बाद खेत की खरपतवारों से मुक्त रखें साथ ही आवश्यकतानुसार सिंचाई करते रहें। यदि आवश्यक हो तो कीटनाशक दवाइयों का भी समय पर प्रयोग करें।

कटाई एवं उपज : पहली कटाई बुवाई के लगभग 4 मास बाद करें,

बाद की कटाइयां 35–40 दिन के अन्तर पर करते रहें। पौधों की कटाई जमीन से 30 से.मी. की ऊंचाई कर करें। एक वर्ष में एक हेक्टेयर क्षेत्र से लगभग 500 कुन्टल हरा चारा प्राप्त होता है।

भीमल (*Grewia optira*)

भीमल एक बहुउददेशीय वृक्ष है जिसकी ऊंचाई 12 मीटर तक होती है और यह हिमालय क्षेत्र के मध्य और निचली ऊंचाईयों पर बहुतायत से पाया जाता है। किसान इसको खेत के किनारे मेड़ों पर, ढालों पर घर के आस पास एवं पशुशालाओं के पास लगाते हैं। इसकी पत्तियां मार्च–अप्रैल के दौरान 15–20 दिनों के लिए पतझड़ करती हैं। यह सिंचित क्षेत्रों में अत्यधिक उत्पादन देता है लेकिन इसको अर्द्धशुष्क क्षेत्रों में भी सफलतापूर्वक उगाया जा रहा है। भीमल 2 से 40 डिग्री सेल्सियस तक का तापमान सहन कर लेता है और अत्यधिक प्रकाश उपलब्धता वृद्धि के लिए उपयुक्त है।

भीमल की पत्तियां और हरी टहनियां पशुओं के लिए पौष्टिक, सरस एवं पचनीय उत्तम चारा है। इसकी पत्तियों में प्रोटीन की मात्रा 20 प्रतिशत होती है। हरी पत्तियों का उत्पादन एक पूर्ण विकसित वृक्ष (7 वर्ष) से 12–15 किलोग्राम तक है एवं इसकी उत्पादन क्षमता उत्तर पश्चिम हिमालय क्षेत्रों में 25–30 किलोग्राम प्रति बड़े वृक्ष तक हो जाती है। इसके कटाई के बाद नयी शाखायें जिनकी संख्या 50–60 तक होती है, 6 माह में 1 से 1.5 मीटर तक की वृद्धि कर लेती है। चारे के लिए जाड़ों में इसकी भारी कटाई–छंटाई की जाती है।

रोपण एवं वृद्धि स्वभावः भीमल का रोपण बीजों द्वारा आसानी से किया जा सकता है लेकिन इसको कलम विधि द्वारा भी लगाया जा सकता है। एक किलोग्राम में बीजों की संख्या 12000–15000 तक होती है। नर्सरी में बीजाई के पूर्व गर्म पानी (85–95 डिग्री से.) द्वारा उपचारित बीजों को रात भर पानी में रखने के बाद या सान्द्र सल्फ्यूरिक अम्ल का 10 मिनट का उपचार बीजों के जमाव के लिए लाभकारी है। मार्च में नर्सरी तैयार करने पर पौधे जुलाई में रोपण हेतु (30–35 सेमी.) तैयार हो जाते हैं। रोपण की दूरी आवश्यकतानुसार रखी जा सकती है। भीमल के रोपण

के लिए रोपण दूरी 3 X 3 मी. या 4 X 5 मी. एवं कृषि वानिकी पद्धति में 5 X 10 मीटर की दूरी उपयुक्त पायी गयी है। पौधे की वृद्धि वर्षा में (जुलाई – सितम्बर) तेज और जाड़ों में कम हो जाती है।

प्रबंधन : नवीन वृक्षारोपण से घास पात की सफाई रखना चाहिए। नमी की उपलब्धता वृक्ष की अच्छी वृद्धि के लिए आवश्यक है। वृक्ष के विकसित होने पर इसकी सूखे के प्रति सहनशीलता बढ़ जाती है। अर्द्धशुष्क क्षेत्रों में रोपण के प्रथम एवं द्वितीय वर्ष में गर्मियों में जीवन बचाव के लिए पानी देने से पौधों में अच्छा विकास पाया गया है। भीमल को विभिन्न प्रबंध परिस्थितियों में व्यवस्थित किया जा सकता है और वर्ष भर हरा चारा, लकड़ी और रेशे की प्राप्ति सुनिश्चित की जा सकती है।

उत्पादकताः भीमल हिमालय क्षेत्र का वृक्ष है परन्तु इसका वृक्षारोपण बाउन्ड्री एवं वन चरागाह पद्धति में अर्द्धशुष्क क्षेत्रों में परीक्षण के तौर पर उत्साह वर्धक परिणाम आये हैं। अतः इस वृक्ष को अर्द्धशुष्क क्षेत्रों में चारा–ईंधन और रेशे के उत्पादन के लिए उगाने की व्यापक सम्भावनायें हैं। अर्द्धशुष्क क्षेत्रों में 7 वर्ष के पश्चात् भीमल की ऊंचाई 7.74 मीटर, कोलर डायामीटर 14.16 सेमी एवं सीने की ऊंचाई तक व्यास 9.98 सेमी पाया गया है। अर्द्धशुष्क क्षेत्रों में भीमल आधारित वन चरागाह पद्धति में भीमल की उत्पादकता (पत्ती+ टहनियां) 3.5 एवं 7.5 टन/ हे. क्रमशः 5 वें, 6 वें एवं 7 वें वर्ष में रही। भीमल के साथ लगायी गई घासें पेनिकम मैक्सिमम, पेनिकम पाली स्टाइकन, एवं पेनिकम नोटैटम का हरा जैविक उत्पादन क्रमशः 32.2, 36.4 एवं 24.6 टन/ हे. दूसरे वर्ष में 46.4, 47.6 और 32.0 टन/ हे. तीसरे वर्ष में, 41.6, 38.4 और 28.2 टन/ हे. चौथे वर्ष में रही।

10. बोरड़ी/ झड़बेरी

शुष्क, रेतीले व पथरीले क्षेत्रों के लिए बहुत ही उपयोगी है, अगर खेजड़ी को शुष्क क्षेत्रों में पाये जाने वाले वृक्षों का राजा कहा जाय तो बोरड़ी वहॉ की रानी है। इसकी पत्तियाँ (पाला) पशुओं को खिलाने तथा शाखाएँ ईधन व बाड़ लगाने में प्रयोग की जाती है। इसकी पत्तियाँ सभी प्रकार के पशु खाते है, पत्तियों में 14–16 प्रतिशत प्रोटीन होती है। इस

झाड़ी की उंचाई कम होने के कारण बिना लोपिंग किये सीधा ही पशुओं को खिलाया जा सकता है। यह वानिकी–चरागाह (ऐले–कोपिंग) के लिए बहुत ही उपयुक्त है। इसके बीज को बोने से पहले बीज कवच तोड़ दें या हटा दें।

11. अंजन (*Hardwickia binata*)

यह दोमट से बलुई भूमियों के लिए उपयुक्त है, इससे प्रति पौध 15–20 किलो हरी पत्तियाँ मिलती है जिन्हें सभी प्रकार के पशु खाते है, पत्तियों में करीब 9 प्रतिशत प्रोटीन होती है। छत्र कम फैला होने की वजह से प्रति हैक्टेअर अधिक पौधे लगाये जा सकते है। यह कृषि–वानिकी व वानिकी चारागाह के लिए सबसे उपयुक्त वृक्षो में से एक है। इसकी लकड़ी इमारती सामान बनाने के लिए बहुत अच्छी है, इसका बीज बोने से 1–2 घण्टे पहले पानी में भिगो दें।

12. इजरायली बबूल (*Acacia tortilis*)

यह बहुत सूखारोधी वृक्ष है इसकी पत्तियाँ व फलियाँ पशु खाते है। यह सड़कों के किनारे, वायुरोधक, पट्टी के रूप में तथा कृषि–वानिकी व वानिकी चारागाह के लिए उपयुक्त है। इससे प्रति पौधा 4–5 किलो सूखी पत्तियाँ व 10–12 किलो फलियाँ मिलती है। पत्तियाँ भेड, बकरी व ऊंट द्वारा खाई जाती है। पत्तियों में करीब 15 प्रतिशत प्रोटीन होती है। इसका बीज बोने से पहले करीब 20–25 मिनट तक सल्फ़्यूरिक अम्ल से उपचारित करें।

13. नीम (*Azadirachta indica*)

शुष्क व अर्द्धशुष्क क्षेत्रों में सड़कों के किनारे तथा घरों में, सार्वजनिक स्थानों व खेतों पर छायादार वृक्ष के रूप में लगाने के लिए सबसे महत्वपूर्ण वृक्षों में से एक है। लकड़ी इमारती सामान बनाने व ईंधन के रूप में तथा बीज, पत्तियाँ व छाल दवाईयाँ, कीटनाशक व फफूंदीनाशक बनाने के काम आते है। खली कार्बनिक खाद के रूप में प्रयोग की जाती है जो पोषक तत्वों के साथ–साथ फफूंदीनाशक व कीटनाशक का भी काम

करती है। कम बढने वाली फसलों के साथ कृषि–वानिकी में तथा वानिकी–चारागाह के लिए भी लगाया जा सकता है। इससे प्रति पौधा 250–350 किलो हरी पत्तियाँ मिलती है जिनमें 12–18 प्रतिशत प्रोटीन होती है। यह भेड़, बकरी,ऊंट के खाने के लिए उपयुक्त है।

14. शीशम (*Dalbergia sissoo*)

इमारती सामान बनाने के लिए सबसे मजबूत लकड़ियों में से एक है। इसे शुष्क व अर्द्धशुष्क क्षेत्रों में छायादार वृक्ष के रूप में सडकों के किनारे, सार्वजनिक स्थानों पर घरों में तथा खेतों के चारों तरफ लगाया जाता है, इसकी पत्तियॉ सभी पशु खाते है।

15. सिरस (*Alibizia lebbeck*)

तेज बढने वाला वृक्ष है, छत्र बड़ा होने के कारण सड़कों के किनारे, सार्वजनिक स्थानों व खेतों पर छायादार वृक्ष के रूप में लगाया जाता है। इसकी लकड़ी इमारती सामान बनाने के काम आती है। इससे प्रति पौधा 300–400 किलो हरी पत्तियाँ मिलती है, जिनमें करीब 20 प्रतिशत प्रोटीन होती है। इसकी पत्तियाँ सभी पशु खाते है।

16. अकेशिया एलबिडा (*Acacia albida*)

इसकी लकडी इमारती सामान बनाने के लिए उपयुक्त है। इसकी पत्तियाँ व फलियां सभी पशु खाते है। अर्द्वशुष्क क्षेत्रों में कृषि–वानिकी व वानिकी–चरागाह के लिए उपयुक्त है। इससे प्रति पौधा 10–25 किलो पत्तियॉ मिलती है। इसके बीज को बोने से थोड़ी देर पहले पानी में भिगो दें।

17. जाल (*Salvadora oleiodes*)

इसका विस्तार भारत में पंजाब, गुजरात व पश्चिमी राजस्थान और पाकिस्तान के सिन्ध–बलुस्चिस्तान तक है यह बहुशाखीय सदाबहार छोटा पेड़ होता है। इसकी पत्तियों को ऊंट व बकरियाँ खाते है। इसके फल मई माह में पककर तैयार हो जाते है। फल गोलाकार होते है जिनका व्यास

5.6 मि.मी. होता है। फल चिकने व पकने पर भूरे लाल रंग के होते है जो स्वाद में मीठे होते है। स्थानीय लोगों की धारणा है कि पीलू खाने से शरीर में स्फूर्ति व शीतलता बनी रहती है तथा मस्तिष्क में ताजगी व ठंडक पहुँचती है। फलों के सेवन से लू का प्रभाव कम होता है।

अन्य

शुष्क व अर्द्धशुष्क क्षेत्रों के लिए अन्य महत्वपूर्ण पेड़ व झाड़ियों में रोहिड़ा, ईमारती लकड़ी का सबसे अच्छा वृक्ष है। देशी बबूल ईंधन व ईमारती लकड़ी के लिए तथा कैर चारा व सब्जी और आचार के लिए उपयुक्त है। कालीगोनम पोलीनाइटिस (फोग) शुष्क क्षेत्रों में टीले स्थिरीकरण के लिए बहुत ही महत्वपूर्ण झाडी है। इसकी पत्तियाँ तथा शाखायें ऊंट, भेड व बकरी खाते है। वृक्षों व झाड़ियों द्वारा मिला हुआ चारा उन क्षेत्रों के लिए बहुत महत्वपूर्ण है जहाँ हर मौसम में पौष्टिक चारे नहीं मिलते। पशुओं के चारे के रूप में वृक्ष व झाडियाँ की पत्तियाँ, मुलायम टहनी व फली आदि का उपयोग प्रमुख रूप से होता है। यदि सही तरीके से वृक्ष व झाड़ियो का चुनाव व उचित प्रबंध किया जावे तो चारे वाले वृक्ष व झाड़ियॉ पशुओं की उत्पादकता काफी बढाते है।

OOO

14

वन चारागाह पद्धति

वन चरागाह कृषि वानिकी के अंतर्गत एक ऐसी कम खर्चीली पद्धति है जिसमें चारा/ ईंधन/ लकड़ी/ फल आदि के वृक्षों की कतारों के बीच घासें/ दलहनी चारा फसलें उगाई जाती है। इससे एक ही भूमि में जानवरों के लिए पौष्टिक चारा तथा मनुष्यों के लिए ईंधन/ लकड़ी/ फल प्राप्त किए जा सकते है। कृषि वानिकी /वन चारागाह का प्रयोग किसी न किसी रूप में एक लम्बे समय से होता रहा है। आज के संदर्भ में जहां एक ओर चारे एवं ईंधन की बढ़ती हुई आवश्यकता को पूरा करना है वहीं दूसरी ओर भूमि के संरक्षण भी आवश्यक है, इन पद्धतियों की उपयोगिता अत्यन्त महत्वपूर्ण हो जाती है।

1. वन चारागाह पद्धति से लाभ :

- एक ही भूखण्ड पर विभिन्न वस्तुओं (ईंधन, ईमारती लकड़ी, चारा, गोंद, रेशा आदि) का उत्पादन।
- बेमौसम वर्षा का उपयोग बहुवर्षीय फसलों एवं पेड़ों के माध्यम से भूमि की उर्वरता का संरक्षण तथा उपजाऊ शक्ति में वृद्धि।
- घास एवं पेड़ लगाकर किसान के श्रम का सदुपयोग एवं उसकी आय में पर्याप्त वृद्धि की संभावना।
- किसान वन चारागाह में दुधारू पशु या छोटे जानवर जैसे भेड़,बकरी आदि पाल सकता है साथ ही कुटीर एवं मध्यम उद्योगों को बढ़ावा मिलता है, जिससे कृषक की आमदनी बढ़ती है।
- इस पद्धति में पेड़ों द्वारा सूक्ष्म जलवायु में सुधार एवं कई प्रकार की फसलों के उत्पादन में पर्याप्त लाभ की सम्भावना ।

- पर्यावरण सुधार
- चारा उत्पादन को सुनिश्चित किया जा सकता है।
- वानिकी चारागाह में कम जोखिम है।
- मृदा का कटाव रूकता है, नमी का संरक्षण होता है।
- भूमि के अन्दर पाये जाने वाले जीवाणु नष्ट नहीं होते।
- भूमि में कार्बनिक पदार्थों में वृद्धि होती है।

2. प्रजातियों का चयन

भारतीय चारागाह एवं चारा अनुसंधान संस्थान, झांसी में किए गए अनुसंधानों के आधार पर देश क्षेत्र की अलग अलग परिस्थितियों के लिए उन्नत वन चारागाहों के विकास हेतु उपयुक्त पेड़ों, घासों एवं दलहनी चारों का चयन किया गया है। (सारणी–1) इस पद्धति हेतु पेड़ों की प्रजातियों का चुनाव करते समय निम्न बातों का ध्यान अपेक्षित है।

1. अधिक वृद्धि दर वाले पेड़ लगाने चाहिए ताकि घास के बढने में रूकावट न हों।
2. पेड़ से पौष्टिक चारा मिल सके।
3. वृक्षों व झाड़ियों की जड़ें गहराई में जाने वाली हों।
4. वृक्ष का छत्र अधिक फैलने वाला व घना न हो।
5. वृक्ष के जीवन चक्र को सात से दस वर्षों में पूरा किया जा सके।
6. पेड़ की शाखाएं जलाऊ लकड़ी के तौर पर उपयोग में लाई जा सके
7. पेड़ में अधिक नाइट्रोजन स्थिरीकरण की क्षमता हो ताकि भूमि की उर्वरकता शक्ति बढे।
8. कटाई वृद्धि दर अच्छी हो ताकि इससे कई बार चारा एवं लकड़ी का उत्पादन लिया जा सके।
9. घास एवं दलहनी चारे के साथ उगने पर कोई विपरीत प्रभाव न पड़े।

इसी प्रकार घासों एवं दलहनी चारों की प्रजातियों का चयन करते समय भी निम्न बातों का ध्यान अपेक्षित है।

1. घास एवं दलहनी चारा एक साथ उगाने पर कोई विपरीत प्रभाव न पड़े
2. प्रजातियां बहुवर्षीय हों ताकि एक बार लगाने के बाद लम्बे समय तक चारा उत्पादन प्राप्त किया जा सके।

3. पशुओं के लिए चारा पौष्टिक एवं स्वादिष्ट हो।
4. प्रजातियों की उत्पादन दर अधिक हो एवं एक वर्ष में कई बार इन्हें काटा जा सके।
5. पशुओं द्वारा चराई किए जाने पर इनकी वृद्धि दर अच्छी हो।
6. प्रजातियां चारे संरक्षण की दृष्टि से अच्छी हो।
7. प्रजातियों भूमि संरक्षण में भी सहायक हों।

3. वन चारागाहों का विकास :

वन चारागाहों के विकास हेतु सबसे पहला कदम जानवरों द्वारा उन्मुक्त चराई बन्द करना है। चराई बन्द करने के लिए उस क्षेत्र में विभिन्न किस्मों की बाड़ लगाई जा सकती है जो कि साधन की उपलब्धता के अनुसार कर सकते हैं। ऐसे पौधों की जिन्हें जानवर नहीं चरता है, पौध या बीज द्वारा बाड़ लगाई जा सकती है। इनमें विलायती बबूल, नूतन, सदाबहार, गुलटेना, करौंदा, पारकिन सोनिया, मेंहंदी, घीक्वार आदि प्रमुख हैं।

3.1 पेडों की नर्सरी :

चारागाह में पेड़ों में स्थापित करने हेतु पेड़ों की पौधशाला नर्सरी तैयार करनी चाहिए। पेड़ों की अधिकांश जातियों के बीज का छिल्का कठोर होता है जिससे अंकुरण ठीक नहीं हो पाता है। इसलिए इन बीजों को बोने से पहले गर्म पानी/ रेगमाल/ गंधक के अम्ल से आवश्यकता के अनुरूप उपचारित करते हैं। उपचारित बीज को छिद्रयुक्त पॉलीथीन थैली (20–30 से.मी. लम्बा एवं 10–15 से.मी. चौड़ा) में गोबर की खाद, काली मिटटी बालू आदि का मिश्रण भरने के बाद बीज को 2 सेमी से कम गहराई देते हैं। थैली में बीज बोने के बाद सिंचाई हजारे के द्वारा की जाती है। नर्सरी में बीज बोने के लिए उचित समय फरवरी–मार्च है।

3.2 पेडों की स्थापना :

पेड़ों की स्थापना हेतु जनवरी–फरवरी में गड्ढे (30X30X30 से.मी. या 45X45X45 से.मी) खोदकर तैयार कर लेने चाहिए। यह गड्ढे इतनी की दूरी पर खोदने चाहिए जिससे एक हैक्टेयर में 300–600 पेड़ लगाए

जा सके। पेड़ों की संख्या उनकी प्रजाति एवं फैलाव (कैनोपी) के अनुसार कम या ज्यादा की जा सकती है। जुलाई के महीने में जब एक बार बरसात हो जाय तो गड्ढों को मिटटी एवं गोबर की खाद (60:40 के अनुपात में) मिलाकर भर देना चाहिए। इसके बाद जब बरसात शुरू हो जाय तो पौधों की रोपाई कर देनी चाहिए।

3.3 घास एवं दलहनी चारे की स्थापना :

पेड़ों की बीच की जगह में घास एवं दलहनी चारे को लगाया जाता है। अच्छी घास की पौध रोपण विधि से 50 से.मी. के रोपांतर पर पेड़ से 0.5–1.0 मीटर की दूरी पर लगाना चाहिए। घासों की पंक्तियों के बीच एक पंक्ति दलहनी चारे की बोई जाती है। यदि जमीन ढालू है तो उसमें मेढ़ नालियां बनाकर जल के फैलाव को बढाना आवष्यक है जिससे नमी बढ़े और साथ ही भूमि की उत्पादकता भी बढ़े।

घास एवं दलहनी चारे की बीजों की मात्रा उनके आकार, भार एवं अंकुरण क्षमता पर निर्भर करता है। छोटे एवं हल्के वजन वाले बीज जैसे अंजन घास, कैल, गिन्नी, ब्लूपेनिक, स्टाइलो आदि के बीज को 4–6 किलोग्राम प्रति हैक्टेयर की दर से बोना चाहिए। मध्यम भार वाले बीज जैसे वनकुल्थी, सिराट्रो, दशरथ घास, डीसमोडियम आदि को 8–12 किलोग्राम प्रति हैक्टेयर की दर से बोना चाहिए। इससे भी अधिक भार वाले बीजों की प्रति हैक्टैयर दर और ज्यादा होनी चाहिए। जब इन बीजों को मिश्रित घास + दलहन बोना हो तो बीज की मात्रा आधी कर देते है।

वन चारागाह से अधिक उत्पादन प्राप्त करने के लिए खेत की तैयारी करते समय 8–10 टन गोबर की खाद / हेक्टयर मिट्टी में अच्छी तरह मिला देनी चाहिए। नत्रजन, फास्फोरस एवं पोटाश की मात्रा का निर्धारण मृदा परीक्षण के आधार पर किया जाना चाहिए। सामान्यतया नत्रजन 20–30 किलोप्रति / है, फास्फोरस 30–40 किलोप्रति / है. एवं पोटास 20–30 किलो / है. बुवाई के समय मिट्टी में मिलाऐं। वन चारागाह स्थापना के दूसरे वर्ष से नत्रजन का प्रयोग 20 किलोग्राम / हे. करना चाहिए।

बीज द्वारा चारागाह तभी स्थापित किया जा सकता है जबकि पर्याप्त

मात्रा में उपलब्ध हो, यदि बीज पर्याप्त मात्रा में उपलब्ध नहीं है तो ऐसी स्थिति में घास नर्सरी लगाना आवश्यक है। इस हेतु भूमि का चुनाव एवं खेत तैयार करने के बाद 6 मीटर लम्बी एवं 1.2 मीटर चौडी क्यारियां बनाई जाती है। 1 हे. में घास लगाने के लिए ऐसी 10–12 क्यारियों की आवश्यकता होती है।इस क्यारी के लिए 40–55 ग्राम घास के बीज की मात्रा की आवश्यकता होती है। बीज बोने का सबसे उचित समय मई के द्वितीय सप्ताह से जून के प्रथम सप्ताह तक है। घास के बीजों को कतारों में बोना चाहिए और कतार से कतार की दूरी 10 सेमी. रखनी चाहिए, तथा बीज 0.4 से 0.8 से.मी. की गहराई पर बोना चाहिए। पौधशाला में बीज बोने के 4–6 सप्ताह बाद पौधे खेत में लगने हेतु तैयार हो जाते हैं। 20–25 सेमी. लम्बे पौधे खेत में रोपाई के लिए सर्वोत्तम हैं।

4. वृक्षों की बढ़वार

यदि पेड़ सही प्रतिरोपांतरण पर लगे हों, घास के साथ उगाये जाने पर वृक्षों की बढ़वार पर कोई प्रतिकूल असर नहीं पडता है। अर्धमरू क्षेत्रों में यह पाया गया है कि इजराइली बबूल व अंजन घास यदि 4 X 6 मीटर पर लगाया जाता है तो इसकी बढ़वार पर कोई प्रतिकूल असर नहीं पडता है।

5. चारे एवं जलाऊ लकड़ी का उत्पादन

जिस भूमि पर प्राकृतिक घास का उत्पादन लगभग 10–20 क्विंटल प्रति हैक्टेयर प्रतिवर्ष के लगभग होता है उसी भूमि से विभिन्न वन चरागाह पद्धतियों से उत्पादन लगभग 30–60 क्विंटल प्रति हैक्टेयर प्रति वर्ष तक लिया जा सकता है। इस पद्धति से अंजन पेड़ के साथ सूखी अंजन घास की पैदावार 25.7–30.6 क्विंटल प्रति हेक्टेयर प्रतिवर्ष तक पायी गयी है। यही उत्पादन काले सिरिस के साथ 27.8–33.1 क्विंटल प्रति हैक्टेयर प्रतिवर्ष तक पायी गयी है। राजस्थान के पाली जिले में इजराइली बबूल के साथ सूखे अंजन और जरगा घास की पैदावार क्रमशः 25.1 और 28.0 क्विंटल प्रति हैक्टेयर प्रतिवर्ष पायी गयी है।

झांसी में धबलू और लम्पा चरागाहों में सुबबूल की पेरावियन प्रजातियां

3 X 3 मीटर पर प्रतिरोपित करने से चारागाहों की धारण क्षमता और चारे की पौष्टिकता बढी हुई पायी गयी। इस विधि से 40 क्विंटल सूखी घास प्रति हैक्टेयर प्रतिवर्ष उत्पादन के अतिरिक्त लगभग 15–20 क्विंटल पौष्टिक सूखा चारा सुबबूल की तीन कटाइयों से प्रतिवर्ष प्राप्त किया जा सकता है।

इस पद्धति में छठे वर्ष से देशी सिरस, काला सिरस सफेद सिरस तथा अंजन पेड़ों की छटाई से प्रतिवर्ष काफी हरा चारा और जलाऊ लकडी प्राप्त की जा सकती है। (सारणी–2) । इस पद्धति से जानवरों के लिए हरे चारे की उपलब्धता को बढाया जा सकता है। तीसरे वर्ष से जानवरों को जुलाई से नवम्बर तक चारागाह के चारे पर रखा जा सकता है और दिसम्बर से जून तक हरे चारे के रूप में पेड़ों की पत्तियों को अन्य दानों आदि से संपूरित कर सकते है।

गांवों में लोगों के जीविकोपार्जन में कृषि के अलावा और ईंधन का अत्यन्त महत्व है। वन चारागाह पद्धति बंजर भूमि को सुधारने में एवं इससे चारा तथा ईंधन की आपूर्ति करने में काफी महत्वपूर्ण भूमिका निभा सकती है।

सारिणी–1 देश की विभिन्न परिस्थितियों के लिए पेड़, घास एवं दलहनी चारों का चयन

क्र. सं.	परिस्थितियॉ	पेड़	घास	दलहनी चाराः
1	अत्यन्त पथरीला एवं बीहड़ क्षेत्र	अंजन, काला सिरस, इजराइली बबूल, नूतन, देशी सिरस	सेन, लम्पा, धबलू, दीनानाथ, धामन, कैल,	वनकुल्थी, सिराट्रो, स्टाइलो
2	बेकार पड़ती भूमि	सूबबूल, सेवेरी, अगस्ती, शीशम, नीम, बबूल	अंजन, धामन, कैल, दीनानाथ, ब्लूपेनिक, सेन	सिराट्रो, स्टाइलो, वनकुल्थी
3	नम बेकार क्षेत्र	सहजन, सुबबूल, सफेद सिरस	पैरा घास, मछौरी, कैल	ससवेनिया एक्यूलिएटा
4	ऊसर भूमि वाले क्षेत्र	विलायती बबूल, इजराइली बबूल, सिरस, शेवरी, एल्वेडोरा	करनाल घास, पैरा घास, रोडस, दूब, बरमूडा	हेज लूसर्न, रिनकोसिया, तितली मटर, शैबरा
5	नदियों के कछार वाले क्षेत्र	खेर, शीशम, सफेदा	कैल, दीनानाथ,	ग्लाइसीन

सारणी–2 विभिन्न पेड़ों से छठे वर्ष से चारा एवं जलाऊ लकड़ी की प्राप्ति

क्र सं.	पेड़	छंटाई का समय	पत्ती		किलोग्राम प्रतिवर्ष– लकड़ी	
			हरी	सूखी	हरी	सूखी
1	इजराइली बबूल	फरवरी / मार्च	0.64	0.30	10.82	6.52
2	काला सिरस	जनवरी / फरवरी	12.65	6.45	20.62	11.82
3	देशी सिरस	मई / जून	8.5	4.00	8.60	5.10
4	अंजन	अप्रैल / मई	4.1	2.24	5.20	3.23

सघन चारा उत्पादन पद्धति :

भारतीय चारागाह एवं चारा अनुसंधान संस्थान, झांसी द्वारा वर्ष भर जानवरों को हरा चारा प्राप्त करने के लिए तकनीक विकसित की गई है। इस चारे से पोषक तत्वों की भरपूर मात्रा मिलती ही है बल्कि साथ साथ दलहनी फसलों के शामिल होने से भूमि की उर्वरा शक्ति भी एक लम्बे समय तक संतुलित रहती है। जो निम्न प्रकार तालिका में वर्णित है।

क्र. सं.	फसल पद्धति	बुवाई का समय	चारा उपलब्धता की अवधि	हरे चारे का उत्पादन टन/हे.	कुल उत्पादन टन/हे.
1.	हाथी घास के कतारों के बीच	मार्च	अप्रैल–मार्च	60	220
	मक्का+लोबिया/ बाजरा+लोबिया	मध्य अप्रैल	जून के पहले सप्ताह से दूसरे सप्ताह तक	40	
	ज्वार+लोबिया/ ज्वार+कुसुम	मध्य जून	अगस्त के दूसरे सप्ताह से सितम्बर के पहले सप्ताह तक	40	
	बरसीम+सरसों	अक्टूबर का प्रथम सप्ताह	नवम्बर के अन्तिम सप्ताह से मध्य अप्रैल तक	80	
2.	हाथी घास की कतारों के बीच	मार्च	अप्रैल से मार्च	60	260
	बहुकटान वाली ज्वार चरी	अप्रैल	मई के अंत से सितम्बर के अंत तक	120	

	हाथी घास की कतारों के बीच बरसीम+जई	अक्टूबर के प्रथम सप्ताह	अन्तिम नवम्बर से मध्य अप्रैल तक	80	
3.	हाथी घास की कतारों के बीच	अप्रैल	अप्रैल से नवम्बर	60	160
	लूसर्न	नवम्बर का द्वितीय सप्ताह	बरसात को छोड़कर अन्य सभी महीनों में	100	
4.	मक्का + लोबिया	अप्रैल का प्रथम सप्ताह	जून के दूसरे सप्ताह तक	40	190
	मक्का + लोबिया	मध्य जून	अगस्त के प्रथम सप्ताह से द्वितीय सप्ताह तक	35	
	शलजम	मध्य सितम्बर	नवम्बर के द्वितीय सप्ताह से तृतीय सप्ताह तक	70	
	जई	अन्तिम नवम्बर	अन्तिम जनवरी से अन्तिम मार्च	45	

सिंचित दशा में चारा उत्पादन :

सिंचित क्षेत्रों में दो फसलीय सम्भावनाओं को देखते हुए कम समय लेने वाली चारा फसलें उगायी जा सकती हैं जिससे वर्तमान परती का भी भरपूर उपयोग हो सकता है। भारत जैसे देश में ज्वार, बाजरा एवं मक्का के बाद गेहूं लेने से अप्रैल से जून के मध्य जमीन खाली छूट जाती है उस दौरान मक्का/ बाजरा एवं ज्वार के साथ लोबिया को मिश्रित फसल के रूप में उगाकर गर्मी के मौसम में 35 से 40 टन प्रति हेक्टेयर चारा प्राप्त कर सकते हैं। इसी तरह खरीफ की फसल लेने के उपरान्त अक्टूबर से नवम्बर के महीने में शलजम एवं सरसों की कम समय वाली किस्मों को

उगाकर 25–30 टन प्रति हे. चारा भी प्राप्त कर सकते हैं तथा उसके बाद गेहूं की उन्नति जातियां भी बोयीं जा सकती हैं।

बारानी दशा में चारा उत्पादन :

असिचिंत दशा में चारा उत्पादन करने के लिए निम्न पद्धतियों को अपनाकर अच्छा उत्पादन लिया जा सकता है।

अन्न–चारा उत्पादन पद्धति :

इस पद्धति में अन्न के साथ साथ चारा उत्पादन किया जाता है। जिसमें कम समयावधि की चारा फसले अन्तफसल के रूप में फसलों की रेटूनिंग करके अच्छा उत्पादन लिया जा सकता है।

कम समयावधि की चारा फसलें :

जिन क्षेत्रों में वर्षा 750 मि.मी. से अधिक होती है। वहां 50–60 दिन में आने वाली चारा फसलें जैसे ज्वार, लोबिया, क्लेसटरवीन, राइसबीन, उगाकर खाद्यान्न फसलें जौ, चना बोयी जा सकती है।

फसलों की रटूनिंग :

बाजरा जैसी फसलों की अगेती जातियां (बी.जे.104) की 30–40 दिन बाद रेटूनिंग करके 20 टन प्रति हे. हरा चारा , 740 किलोग्राम दाना तथा 30 कु. सूखा चारा प्रति हे. प्राप्त किया जा सकता है।

अन्तः फसल :

जिन क्षेत्रों में वर्षा 750 मि.मी. से कम होती है एवं वर्षा एक में दो फसलों को उगाने में पर्याप्त नमी नहीं दे पाती वहां खाद्यान्न फसलों के साथ चारा फसलें जैसे लोबिया एवं सिसबेनिया की कुछ जातियां उगाई जाती हैं। ये अन्तः फसलें बोने के 45 दिन बाद काट ली जाती हैं। इनसे 20 कुन्टल हरा चारा प्राप्त हो जाता है।

अनाज फसलों में स्टाइलो घास की अधिक बिजाई करना :

स्टाइलो की सघनता या अधिक बिजाई भूमि में नत्रजन स्थिरीकरण

को बढावा देता है एवं स्टाइलो का चटाई का फैलने की तरह का स्वभाव खरपतवार नियंत्रण के साथ साथ 6 से 26 प्रतिशत तक खाद्यान्न उत्पादन भी बढाता है लेकिन कतारों की तुलना में छिड़ककर बीज बोना लाभप्रद है।

वन चारागाह पद्धति :

यह पद्धति बहुउददेशीय पेड़ों के साथ दलहनी घासों द्वारा जमीन को आच्छादित करती है तथा नत्रजन स्थिरीकरण,भूमिकटाव, एवं बंजर भूमि को उर्वर बनाने के अतिरिक्त झाड़ियों एवं पेड़ों के विकास में सहायक होती हैं। यह किसानों को लकड़ी, ईंधन, पौष्टिक चारा उस समय उपलब्ध कराती है जिसे समय चारे का अभाव होता है। उपयुक्त फायदों के अतिरिक्त यह उन्नत पद्धति परम्परागत पद्धति से ढाई गुना भूमि को उपजाऊ बनाती है। इस तरह की भूमि उपयोग पद्धति अपनाकर अधिक एवं उत्तम पौष्टिक चारा, चारा अभाव के समय लम्बे समय तक प्राप्त कर सकते हैं।

उद्यान चारागाह पद्धति :

प्राकृतिक चरागाह में फलदार पौधे लगाकर विकसित किया जा सकता है। (राय 2000) ने अपने अन्वेषण से पता लगाया कि चरागाह आधारित कृषि वानिकी पद्धति में इमारती लकड़ी वाले पेड़ों के स्थापित होने के दूसरे वर्ष चारा लगाना चाहिए। इससे पेड़ों को स्थापित होने में मदद मिलती है। चारा एक बार लगाने के प्रथम वर्ष से छठवीं वर्ष तक मिलता है। सबसे अधिक चारा उत्पादन दूसरे व तीसरे वर्ष में होता है। दलहनी घासों को सातवीं वर्ष में पुनः स्थापित करना पड़ता है।

कुछ पर्यावरणीय वर्षा क्षेत्रों में फलदार वृक्ष :

पर्यावरणीय क्षेत्र	वर्षा क्षेत्र (मि.मी.)	फलदार वृक्ष
पहाड़ी शीतोष्ण क्षेत्र	300–500	अप्रीकोट, वाल्नट, अलमंड
	500–700	सेव, पीयर नट, प्लम, परसीमोन सेव
	700–1000	नासपाती, आड़ू,प्लम
पहाड़ी उपोष्ण क्षेत्र	1000–1500	नींबू वर्गीय फल(संतरा,किन्नो एवं नीबू) प्लम
अपलैंड एवं प्लेटो	700–1000	आम, कस्टड एपिल, अंजीर,आंवला, बेर, अनार
	1000–1500	आम, कटहल, अंजीर, काजू
लवणीय एवं क्षारीय भूमि	500–700	बेर, आंवला, वेल, डेटपाम, टोडी आंवला, अमरूद, बेर, वेल अनार
	700–1000	लेमन, करौंदा
अलूवियन प्लेन	300 के नीचे	झरबेरी, बेर, आंवला, वेल, मुरेगा, लेमन,करौंदा, शहतूत, लसौरा, बेर, आंवला
	300–500	जामुन, आम, फालसा, अमरूद
	500–700	अमरूद, कस्टड एपिल लेमन, आम, लीची, कटहल, नींबू
	700–1000	आंवला, बेर, इमली

OOO

15

उन्नतशील चारा प्रजातियों का विकास एवं उपयोग

पशुपालन कृषि का रीढ़ है तथा काफी बड़ी जनसंख्या के लिए रोजगार के अवसर प्रदान करता है। देश के आर्थिक विकास में पशुपालन का महत्वपूर्ण योगदान है। दुग्ध उत्पादन के बढ़ते हुए दर को देखते हुए यह आवश्यक है कि देश में उत्तम तथा उचित मात्रा में चारा उत्पादन हो। चारे की आवश्यकता को पूरा करने के लिए ज्यादा चारा उत्पादन हेतु उत्तम चारा फसल प्रजातियों का विकास तथा उपयोग वांछित है।

उत्तम चारा प्रजाति के गुण :

1. अधिक पैदावार
2. उत्तम चारा गुणवत्ता
3. उत्तम पाचन क्षमता
4. पत्तियों की मात्रा ज्यादा
5. कम समय में तैयार होना
6. बहुकटाई क्षमता
7. जैविक तथा अजैविक दबाव प्रतिरोधी
8. फसल चक्र में उपयुक्तता
9. उचित मात्रा में बीज उत्पादन क्षमता
10. गुणवत्ता विरोधी वाले पदार्थों की कमी

तालिका–1
प्रमुख चारा फसल प्रजातियां, उत्पादन क्षेत्र तथा उपज क्षमता

फसल एवं प्रजाति	उत्पादन क्षेत्र	उपज क्षमता हरा चारा (कुं / हे.)
बरसीम		
1. मेस्कावी	भारत (सम्पूर्ण)	800–900
2. वरदान	भारत (सम्पूर्ण)	900–1100
3. बी.एल.–22	पश्चिमी मैदानी, द.प.शुष्क क्षेत्र, मध्य पं.क्षेत्र	600–700
4. बुन्देल बरसीम–2	मध्य मैदानी क्षेत्र, प. मैदानी क्षेत्र	800–900
5. बी.एस–42	उत्तर–पूर्व मैदानी क्षेत्र	1100–1200
6. जे.बी.–2	मध्य एवं बुन्देलखण्ड क्षेत्र	900–950
7. यू.पी.बी.–103	प.क्षेत्र, द.प.अर्द्धशुष्क तथा मध्य प.क्षेत्र	1000–1100
लूसर्न		
1. आनन्द–2	सम्पूर्ण भारत (लूसर्न क्षेत्र)	850–900
2. टाइप–9	तदैव	900–1000
3. सिरसा–8	तदैव	500–600
4. एल.एल.सी.–3	तदैव	600–800
5. आर.एल.–88	तदैव	1200–1300
लोबिया		
1. यू.पी.सी.–287	सम्पूर्ण भारत	350–400
2. यू.पी.सी.–5286	तदैव	350–400
3. यू.पी.सी.–5287	तदैव	350–400
4. यू.पी.सी.–8705	तदैव	300–420
5. बुन्देल लोबिया–1	तदैव	250–300
6. बुन्देल लोबिया–2	पश्चिमी मैदानी क्षेत्र, दक्षिण–पश्चिम अर्द्धशुष्क क्षेत्र तथा मध्य पश्चिम क्षेत्र	220–350

ग्वार		
1. बुन्देल ग्वार–1	सम्पूर्ण भारतवर्ष	220–350
2. बुन्देल ग्वार–2	तदैव	280–400
3. बुन्देल ग्वार–3	तदैव	300–400
4. एच.एफ.जी.–119	तदैव	250–300
चारा सेम		
1. बुन्देल सेम–1	तदैव	220–350
चाइनीज कैवेज		
1. जापान सरसों	तदैव	300–350
जई		
1. केन्ट	सम्पूर्ण उत्तर भारत (एक कटाई/ बहु कटाई)	450–500
2. यू.पी.ओ.–94	सम्पूर्ण यू.पी. बहु कटाई	400–450
3. यू.पी.ओ.–212	तदैव	450–500
4. ओ.एस.–6	तदैव एककटाई	450–500
5. ओ.एस.–9	पश्चिमीमैदान, मध्यपश्चिम एवं द.प.अर्द्धशुष्क	500–520
6. बुन्देल जई–822	मध्य मैदान तथा बुन्देलखण्ड क्षेत्र,बहुकटाई	450–550
7. बुन्देल जई–851	सम्पूर्ण उत्तर भारत बहु कटाई	500–600
ज्वार		
1. पूसा चरी–6	सम्पूर्ण उत्तर भारत	300–350
2. पूसा चरी–9	तदैव	300–350
3. एच.सी.–136	तदैव	300–350
4. एच.सी.–308	तदैव	300–350
5. एस.एस.जी.–59–3	तदैव (बहु कटाई)	400–450
6. प्रोएग्रो चरी–988	तदैव "	400–450
7. यू.पी.चरी–1	तदैव	300–400
8. पन्त चरी–3	तदैव	300–400
9. एम.एफ.एस.एच.–3	तदैव	400–450

बाजरा		
1. जायन्ट बाजरा	सम्पूर्ण उत्तर भारत	300–350
2. के.–677	तदैव	350–400
3. राज बाजरा चरी–2	तदैव	350–400
4. फाडर कुम्बु–8	तदैव	250–300
मक्का		
1. अफ्रीकन टाल	तदैव	400–500
2. विजय कम्पोजिट	तदैव	300–250
3. मंजरी कम्पोजिट	तदैव	300–350
4. जवाहर कम्पोजिट	तदैव	350–400
मकचरी		
1. टी.एल–1	तदैव	300–350
नेपियर –संकर हाथी घास		
1. स्वेतिका–1	तदैव	1200–1600
2. आई.जी.एफ.आर.आई.–6	तदैव	1400–1600
3. तदैव –7	तदैव	1500–1800
4. तदैव –10	तदैव	1600–1800
5. यशवन्त	तदैव	1600–1800
गिन्नी घास		
1. पी.जी.जी.–3	तदैव (एकवर्षीय)	1000–1200
2. पी.जी.जी.–9	तदैव	1000–1400
3. मैकुनी	तदैव (बहुवर्षीय)	1000–1200
4. बी.जी.जी. 2	बहुवर्षीय	1200–1600
5. हामील	बहुवर्षीय	1200–1400

तालिका–2
चारा फसल प्रजाति विभिन्न विशेष परिस्थितियों में उत्पादन हेतु

चारा फसल	विशेष गुण एवं परिस्थितियां एवं प्रजाति
बरसीम	
1. बी.एल.–12	दीर्घकालीन (अक्टूबर से मई), उत्तर पश्चिम क्षेत्र
2. बी.एल.–22,42	दीर्घकालीन तथा ठंडे इलाके के लिए उपयुक्त, पाला अवरोधी
लोबिया	
1. यू.पी.सी.–4202	अधिक नमी वाले क्षेत्र, पानी जमाव वाली मिट्‌टी में तथा अम्लीय मिट्‌टी में
2. एस–450	सूखा अवरोधी, गर्मी मौसम में उपयुक्त
राइसबीन	
1. के–1	नमी क्षेत्र हेतु दलहनी चारा तथा पहाड़ी क्षेत्र हेतु, अम्लीय मिटटी में
जई	
1. ओ.एल.–125	कलकेरियस मिट्‌टी हेतु, पथरीली मिट्‌टी हेतु, छायायुक्त स्थान में
2. बुन्देल जई–851	बहुकटाई तथा उत्तम चारे की गुणवत्ता
बाजरा	
1. जाएंट बाजरा	बहु कटाई हेतु (5 कटाई) क्षारीय से अम्लीय मृदा हेतु
मक्का	
1. ए.जी.क्यूबा	पौधा गिरता नहीं है, उत्तर क्षेत्र हेतु, अम्लीय मृदा हेतु
मकचरी	
1. इम्प्रुव्ड	पानी जमाव वाले क्षेत्र हेतु (5–10 दिन) क्षारीय मिटटी हेतु, कैलकेरियस मृदा हेतु
ज्वार	
1. पी.सी.–9	निचले सतह वाले क्षेत्र जहां पानी का जमाव हो जौ
1. डी.एल. 454	द्विउपयोगी (चारा तथा बीज)
2. आजाद	तदैव

नेपियर–बाजरा

1. आई.जी.एफ.आर. आई.–3	खड़ा डंठल, अंतः फसलीय परिस्थिति हेतु, एग्रोफारेस्ट्री हेतु छाया अवरोधी
2. तदैव – 6	तदैव
3. तदैव –10	अम्लीय मृदा तथा पहाड़ी क्षेत्र हेतु

गिनी घास

1. हामिल	छायायुक्त परिस्थितियों में उपयुक्त तथा एग्रोफारेस्ट्री हेतु उपयुक्त
2. पी.जी.जी.–13	तदैव
3. पी.जी.जी.–14	तदैव

दीनानाथ घास

1. बुन्देल–1	जंगल तथा कृषि अनुपयुक्त भूमि हेतु

अंजन घास

1. बुन्देल अंजन–1	शुष्क क्षेत्रों हेतु

सिटेरिया

1. पी.एस.एस.–1	पहाड़ी क्षेत्र हेतु, पाला अवरोधी तथा छायायुक्त स्थान हेतु

OOO

16

समस्याग्रस्त भूमि पर चारा उत्पादन

भारतवर्ष की लगभग 57 प्रतिशत (175.1 मिलियन हेक्टर) भूमियां किन्हीं न किन्हीं समस्याओं से पीड़ित हैं। ये समस्याऐं मनुष्यों के द्वारा उत्पन्न व्यवधान, संसाधनों के अनुचित इस्तेमाल, अधिक पानी एवं हवा के कटाव और भूमि की प्राकृतिक संरचना आदि हो सकती हैं। इन मृदाओं की उत्पादकता एवं उर्वरता सामान्य मृदाओं की तुलना में बहुत ही कम होती है। अतः अनाज वाली फसलों के स्थान पर चारा वाली फसलों का उत्पादन कम से कम लागत पर किया जा सकता है। इसके लिए चारा फसलों का चयन एवं भूमि सुधारकों के इस्तेमाल की अहम भूमिका है। समस्याग्रस्त भूमियों में चारा विकास दो तरीके से किया जाता है।

1. चारा वाली फसलों एवं उनकी प्रजातियों का चयन।
2. समस्याग्रस्त भूमि का उचित प्रबंधन तथा भूमि सुधारकों जैसे– जिप्सम, चूना एवं गोबर की खाद का प्रयोग आदि।

चारा वाली फसलों एवं उनकी प्रजातियों का चयन :

फसलों एवं उनकी प्रजातियों का चयन समस्याग्रस्त भूमियों में पैदावार बढ़ाने के लिए किया गया है। तालिका–1 में दी गयी चारा फसलों की प्रजातियां चारा उत्पादन के लिए सर्वोत्तम मानी गयी हैं। इससे न केवल भूमि की उत्पादकता बढ़ती है बल्कि भूमि की भौतिक एवं रासायनिक गुणों में सुधार होता है।

मृदा संरक्षण तथा संतुलित खादों पर किये गये अनुसंधान कार्यों से देखा गया है कि चारागाह की उत्पादकता 5–6 टन शुष्क चारा तथा वन चारागाह की उत्पादकता 8–11 टन शुष्क चारा के रूप में प्राप्त की जा

सकती है। ढालू भूमियों पर फसल प्रबंधन का बहुत ही अहम भूमिका है। उत्तर पूर्वी क्षेत्रों पर किये गये शोध कार्यों से मालूम हुआ है कि कम ढाल पर एक वर्षीय, माध्यम ढाल पर वन चारागाह/ उद्यान चारागाह तथा सबसे चोटी पर लकड़ी एवं चारे वाले पेड़ों को लगाने से भूमि की उत्पादकता बढ़ती है। इसके साथ ही साथ जल बहाव के कारण होने वाले भूमि कटाव को कम किया जा सकता है।

इस प्रकार से समस्याग्रस्त भूमियों में फसलों का उचित चयन तथा प्रबंधन करने से चारा विकास की सम्भावनायें बढ़ सकती हैं। पशुओं को अधिक हरा चारा मिलने से उनकी उत्पादकता में आशा जनक सुधार किया जा सकता है।

तालिका–1

समस्याग्रस्त भूमि में फसलों की उत्तम जातियां एवं प्रजातियां

समस्याग्रस्त भूमियां	फसलें	प्रजातियां
लवणीय भूमि	सुडान घास	एस.एस.जी. 59–3
	ज्वार	एच.सी.–136, एस–17
	जई	केन्ट, ओ.एस.–6
	मकचरी	इम्प्रूड़, टी.एल. 1
	नेपियर	इगफी–6 व10
	रिजका	टी–1
	सेंजी	एफ ओ.एस.–1
	सेवरी	–
	पाराघास	–
	रोडस घास	–
	दशरथ घास	–
समुद्र के किनारे लवणीय भूमि	कान्गोसिगनल	
	गिनीघास	हामिल, पीजी.जी.14
	पाराघास	–
	जई	केन्ट , जे.एच.ओ. 851
	जौ	डी.एल.36, आजाद

क्षारीय भूमि	बरसीम	मेस्कावी
	शफतल	एस.एच–48
	ज्वार	पी.सी.–6 व 23
	जई	केन्ट, जे.एच.ओ.–422
	सेंजी	एफ.ओ.एस–1, सफेद–76
	नैपियर	इगफ्री–6
	करनाल घास	–
	सेवरी	–
	दशरथ घास	–
	पाराघास	–
	रोडास घास	–
अम्लीय भूमि	लोबिया	ई.सी.–4216, यू.पी.सी. 5286, 4200
	राईसबीन	के–1, 16
	जई	केन्ट, जे.एच.ओ. 410
	दीनानाथ घास	बुन्देल–1 व 2
	मक्का	अफ्रीकन टाल, पल एल.पी., लोकल
	सिटेरिया	ए., डे. क्यूबा
	नैपियर	सिलेक्शन–12, नेरोक, पी.एस.एस–1, नरीघास इगफ्री 1 व 10
	गिन्नी घास	हामिल, पी.जी.जी. 9 व 14
	ज्वार	पी.सी.–6 एच.सी. 136
चूनायुक्त भूमि	बाजरा	जायन्ट
	नेपियर	इगफ्री–6 व 7
	मकचरी	इम्प्रूड टी.एल. 1
	सेम (लवलव, बीन)	जे.एल.पी–4

रेतीली / मरूभूमि	अंजन घास पीली अंजन ब्लू पैनिक घास सेवन घास	काजरी–75, 354, इगफ्री–31–4 काजरी–76 एफ.एस.–399 काजरी–36–5
दलदली भूमि	मकचरी पारा घास कांगोसिगनल क्वेक्स रोडस घास	इम्प्रूव्ड, टी.एल.1

OOO

17

चारा संरक्षण

सघन फसल चक्र में चारे की फसले उगाने के बावजूद साल में दो बार हरे चारे की कमी के अवसर आते हैं। मानसून शुरू होने से पूर्व मई–जून तथा मानसून समाप्त होने के बाद अक्तूबर– नवम्बर में हरे चारे की कमी होती है। दूसरी ओर सिंचित क्षेत्रों में फरवरी – मार्च एवं अगस्त – सितम्बर महीनों के दौरान हरा चारा जरूरत से ज्यादा हो जाता है। इस फालतू हरे चारे का उपयोग साईलेज एवं हे बनाकर कमी वाले महीनों में किया जा सकता है। अधिकतर किसान भूसा या पुआल का उपयोग करते हैं जो 'साईलेज' या 'हे' की तुलना में बहुत घटिया होते है । क्योकि भूसा या पुआल मे प्रोटीन, खनिज तत्व एवं ऊर्जा की उपलब्धता कम होती हैं।

साईलेज

हरे चारे को हवा की अनुपस्थिति में गडढे के अन्दर रसदार परिरक्षित अवस्था में रखने से चारे में लैक्टिक अम्ल बनता है जो हरे चारे का पी. एच. कम कर देता है तथा हरे चारे को सुरक्षित रखता हैं । इस सुरक्षित हरे चारे को साईलेज कहते हैं । चारे की कमी एवं अधिकता में मौसम के कारकों की अहम् भूमिका होती है। जुलाई से अक्टूबर एवं दिसम्बर से अप्रेल महीनों के मध्य चारा जरूरत से अधिक उपलब्ध रहता है। मध्य अक्टूबर से मध्य दिसम्बर तथा मध्य अप्रेल से मध्य जुलाई के दौरान चारे की कमी अधिक होती हैं। इसी कारण फालतू हरे चारे का संरक्षण कमी के समय चारा उपलब्ध कराने के लिये जरूरी हो जाता है। ऐसा न करने की स्थिति में पशु उत्पादन को लाभकारी नहीं बनाया जा सकता।

चारे की फसल के प्रकार, उसकी अवस्था, कटाई और भंडारण की

विधियों का साइलेज की गुणवत्ता पर गहरा प्रभाव पड़ता है। साइलेज बनाने के लिए हरे चारे की उचित अवस्था में कटाई के बाद उसे 65–70 प्रतिशत नमी तक सुखाते हैं। इसके बाद चारा काटने की मशीन पर उसे 3–5 से.मी. के छोटे टुकड़ों में काट लिया जाता है ताकि कम स्थान में वायु रहित वातावरण में भंडारित किया जा सके। वायु रहित वातावरण में हरे चारे का भंडारण चारे को सड़ने व फंफूद लगने से बचाता है तथा शर्करा और अन्य पोषक तत्व सुरक्षित रहते हैं, जिससे उच्च किस्म का बढ़िया साइलेज प्राप्त होता है।

साइलेज की गुणवता एवं प्रभावित करने वाले कारक

फसल का चुनाव

उचित फसल का चुनाव उत्तम साइलेज बनाने के लिए आवश्यक है। यद्यपि लगभग सभी चारे की फसलों को साइलेज के रूप में संरक्षित किया जा सकता है, परन्तु कुछ फसलें विशेष रूप से मक्का, ज्वार व बाजरा, फलीदार फसलों में लोबिया, ग्वार, रिजका व बरसीम तथा घास वर्ग में नेपियर, सूडान, पैरा व गिनी घास इत्यादि साइलेज के रूप में संरक्षित करने के लिए सर्वोत्तम मानी गई हैं। इसके अतिक्ति हरे चारे के रूप में प्रयोग में लाये जाने वाले वृक्षों की पत्तियां भी साइलेज बनाने के लिये प्रयुक्त की जा सकती हैं। दलहनी फसलों की अपेक्षा अनाज वाली फसलें ज्यादा उपयुक्त रहती है।

फसल की अवस्था

साइलेज के रूप में सुरक्षित करने के लिए फसल को ऐसी अवस्था में काटना चाहिए, जब पौधों में पोषक तत्वों का संग्रह सबसे अधिक हो व अपाच्य तत्वों की मात्रा कम से कम हों। इस अवस्था के पूर्व फसल की कटाई करने पर पौधों में पानी की मात्रा अधिक तथा उनमें शुष्क पदार्थ की मात्रा कम रहती है। ऐसे चारे को संरक्षित करने पर निम्न किस्म का साइलेज तैयार होता है, जिसकी पोषकता कम होती है। इसके विपरीत उचित अवस्था के बाद देर से कटाई करने पर पौधे परिपक्व हो जाते हैं तथा उनमें रेशे या अपाच्य कार्बोहाइड्रेट की मात्रा बढ़ जाती है। साथ ही

प्रोटीन व शर्करा तत्वों का ह्रास हो जाता है और चारा कड़ा हो जाता है। इस अवस्था में चारे को साइलेज के रूप में संरक्षित करने पर निम्न गुणवत्ता का साइलेज प्राप्त होता है जिसे पशु चाव से नही खाते। प्रायः फलीदार चारे की फसलों को पुष्पावस्था से पूर्व साइलेज के रूप में संरक्षित करना चाहिए। दानेदार फसलों एवं घास वर्ग की फसलों को फूल आने की प्रारंभिक अवस्था में काटकर साइलेज के रूप में संरक्षित करने से उत्तम किस्म का साइलेज प्राप्त होता है।

मिश्रित फसलें

साइलेज में पोषक तत्वों के उचित अनुपात के लिए विभिन्न प्रकार की चारा फसलों को उचित अनुपात में मिश्रित करके संरक्षित किया जाना चाहिए। सैद्धान्तिक रूप में संरक्षित किये जाने वाले हरे चारे में 50 प्रतिशत भाग घास वर्ग फसलों का व शेष 50 प्रतिशत फलीदार फसलों का होना चाहिए। जिससे कार्बोहाइड्रेट व शर्करा तत्व की घास वर्ग की फसल से आपूर्ति हो सके व प्रोटीन तत्व फलीदार फसल से मिल सके। मिश्रित हरा चारा उपलब्ध न होने की स्थिति में शुद्ध फलीदार फसल में शीरा व गुड़ की उचित मात्रा चारे में मिलाने से कार्बोहाइड्रेट और शर्करा तत्व की कमी को पूरा किया जा सकता है। इसके विपरीत यदि संरक्षित किया जाने वाला चारा केवल दानेदार फसल या घास वर्ग का हो तो उसमें प्रोटीन तत्व की कमी यूरिया की उचित मात्रा मिलाकर दूर की जा सकती है।

चारे को सुखाना और कुटी काटना

चारे का अधिक गीला या शुष्क होना साइलेज के लिए हानिकारक होता है। ऐसी स्थिति से बचने के लिए फसल को उचित अवस्था मे काटना आवश्यक होता है। इसके अतिरिक्त कटाई के बाद फसल को एक दो दिन तक सुखाना भी आवश्यक होता है जिससे पौधों का अनावश्यक जल सूख जाये। ऐसा करने के लिए कटाई के बाद फसल को खेत मे ही छोड़ देना चाहिए। सूखने के बाद चारे में उचित नमी की जॉच के लिए निम्न परीक्षण करना चाहिए :

चारे को सर्वप्रथम 1.25–2.5 से.मी टुकड़ों में काटकर कुटी बना लें।

सुखाकर काटे गये चारे की कुटी को हाथ में लेकर कसकर मुट्ठी बांधें।

क) यदि मुट्ठी खोलने पर चारा गोलाकार रह जाता है अथवा उसमें से पानी निकल आता है तो चारे को साइलेज के रूप में संरक्षित करने के लिए अत्यधिक गीला माना जायेगा।

ख) यदि मुट्ठी खोलने पर चारे का गोला धीरे–धीरे बिखरता हो तो साइलेज के रूप में संरक्षित करने के लिए उचित नमी की अवस्था होगी।

ग) यदि मुट्ठी खोलते ही चारा विखर जाए तो इसका अर्थ होगा कि चारा आवश्यकता से अधिक शुष्क हो गया है।

चारे को उचित नमी की अवस्था तक सुखाने के लिए कटाई के बाद उपरोक्त विधि से उस समय तक परीक्षण करते रहना चाहिए जब तक कि वह अवस्था (ख) तक न पहुँच जाए। इस अवस्था में सम्पूर्ण चारे को 3.5 से.मी. आकार के टुकड़ें में काट लेना चाहिए।

साइलेज बनाने के लाभ

1. हरे चारे को रसदार दशा में काफी लंबे समय तक रखा जा सकता है। साइलेज से साल की किसी भी ऋतु में थोड़े खर्चे पर उच्च गुणवता का आहार मिल जाता है। गर्मियों के महीनों में हरे चारे की बहुत कमी होती है, और साइलेज से वर्ष के इस समय होने वाली चारे की कमी को पूरा किया जा सकता है।
2. साइलेज बनाने की प्रक्रिया द्वारा खाद्य सामग्री के पोषक पदार्थ अधिक परिरक्षित रहते हैं। हे बनाने से ये उतने परिरक्षित नहीं रहते। ज्वार वर्ग के बारे में यह बात खास तौर से सही है।
3. मोटे डंठलों वाली फसलों जैसे मक्का, ज्वार आदि से बनाया गया साइलेज का कोई भी अंश खाते समय बर्बाद नहीं होता। दूसरी ओर अच्छी किस्म की होने पर भी इन फसलों का बहुत सा हिस्सा सूखी अवस्था में खिलाने पर बर्बाद हो जाता है।
4. बरसात के महीने में हे बनाने के लिए घासों को सुखाना बहुत कठिन होता है। चारे को साइलेज के रूप में परिरक्षित करने में यह कठिनाई नहीं आती।

5. जिन खरपतवार फसलों से घटिया दर्जे की हे बनती है, उनसे भी अच्छी किस्म का साइलेज बन सकता है। साइलेज बनाने के प्रक्रम से वे सारे खरपतवार प्रायः मर जाते है जो खेत में होते है क्योकि उन्हे बीज बनने से पहले काट लिया जाता है।
6. एक दिये हुए क्षेत्र की पैदावार सूखे चारे की अपेक्षा कम जगह में संग्रह की जा सकती है।
7. साइलेज बनाने के लिए खरीफ की फसल को खेतों से जल्दी काटने पर आने वाली रबी फसल बोने के लिए जमीन तैयार करने के लिये बहुत समय मिल जाता है। कुछ स्थानों में साइलेज बनाने के लिए फसल की कटाई जल्दी हो जाने के कारण बाद की अवस्थाओं में पैदा हाने वाले नाशक कीटों पर नियंत्रण हो जाता है।
8. जिन पशुओं को एक बार साइलेज खाने की आदत पड़ जाती है, वे हरे चारे की कमी के समय पूर्ण रूप से साइलेज पर रखे जा सकते हैं।
9. साइलेज के रूप में संरक्षित चारे की पोषकता एडिटिव मिलाने से बढ़ाई जा सकती है।
10. साइलेज ज्यादा स्वादिष्ट एवं पाचक होती है।
11. साइलेज बनाने पर हे' व अन्य चारों की अपेक्षा आग लगने का संकट कम रहता है।
12. साइलेज खिलाने पर चारे का नुकसान कम होता है क्योंकि इसमें पौधे के सभी भाग खाये जाते हैं।

साइलोज की भराई

सुखाने व चारे की कुटी बनाने के बाद साइलेज में चारे की भराई एक महत्वपूर्ण काम है। इसे क्रमशः निम्नलिखित विधि से करना चाहिए :

1. प्रत्येक 30 से.मी. ऊंचाई को साइलों में भरने के बाद इसे मजदूरों, ट्रैक्टर अथवा बैलों की सहायता से भली प्रकार दबाना चाहिए।
2. भराई पर्तो में तथा शीघ्र करनी चाहिए।
3. यदि संरक्षित किया जा रहा चारा केवल एक दाल या घास वर्ग की फसल का हो तो 4 कि.ग्रा. यूरिया प्रति टन चारे की दर से चारे की

कुटी में भली प्रकार मिलाना चाहिए। यूरिया को चारे की भराई करते समय पतली पर्तो में चारे के ऊपर डालना चाहिए। ऐसा करने से चारे में प्रोटीन की कमी पूरी हो जाती है।

4. संरक्षित किया जाने वाला चारा केवल फलीदार फसल का हो तो उसमें कार्बोहाईड्रेट व शर्करा तत्व की कमी को पूरा करने के लिए शीरा या गीला गुड़ 10 कि.ग्रा. प्रति टन चारे की दर से समान रूप से मिला देना चाहिए। शीरे की उपस्थिति से चारे की पौष्टिकता के साथ पी.एच. मान भी बढ़ जाता है जो चारा संरक्षण व साइलेज बनाने की रासायनिक प्रक्रिया को गतिवान करता है। आवश्यकता से अधिक शीरा मिलाने से साइलेज बनाने मे विलम्ब होता है। अतः उचित मात्रा में ही शीरे का प्रयोग करना चाहिए।
5. यदि चारे में दलहनी और अदलहनी अथवा घासों का उचित अनुपात है तो 2 कि.ग्रा. साधारण मोटा नमक प्रति टन चारे की दर से समान रूप से मिलाना चाहिए।
6. इस प्रकार साइलो को उस समय तक भरना चाहिए जब तक की चारे की ऊंचाई साइलों की ऊपरी सतह से डेढ़–दो मीटर ऊपर न हो जाएं। चारे के इस प्रकार ऊपर निकले भाग को गुंबज आकार का ढालू बना देना चाहिए।
7. अंत में चारे की ऊपरी सतह को किसी प्लास्टिक की मोटी चादर से भली प्रकार ढक कर सील कर देना चाहिए ताकि उसमें नमी एवं वायु का प्रवेश न हो सके। प्लास्टिक की मोटी चादर की अनुपस्थिति में पोलीथिन की बोरियों को भी इस हेतु उपयोग में लाया जा सकता है। चारे की उपरी सतह को इस प्रकार ढकने के बाद किनारी को मिट्टी के गाढ़े लेप की सहायता से सील कर दिया जाता है। जिससे उसमें हवा एवं नमी का प्रवेश न हो सके। इस प्रकार सुरिक्षत किया गया हरा चारा लगभग ढाई से तीन माह की अवधि में साइलेज के रूप मे परिवर्तित हो जाता है। इस प्रकार तैयार साईलेज को उपयोग मे लाने के लिए साइलो को सावधानीपूर्वक इस प्रकार खोलना चाहिए कि उसमें से साइलेज की आवश्यक मात्रा सुविधापूर्वक निकाली जा सके तथा

उसके बाद साइलो को इस प्रकार पुनः ढका जा सके जिससे उसके अंदर वायुरहित वातावरण बना रहे और साइलेज खराब न हो।

कच्ची मिट्टी के गड्ढे के आकार वाले अथवा खाईनुमा साइलो को अल्प मात्रा में साइलेज बनाने के लिए उपयोग में लाया जाता है। इन साइलो को हरे चारे से पूर्णतः भरने के बाद धान की पुवाल अथवा अन्य किसी सूखे चारे से भी ढका जा सकता है। इस प्रकार ढकने के लिए धान की पुआल अथवा सूखे चारे की 1 से.मी. मोटी तह साइलो को पूर्णतया भरने के बाद चारे के ऊपर बिछा देते हैं। तत्पश्चात इनके ऊपर मिट्टी के गाढ़े लेप को लगाकर सील कर दिया जाता है।

साइलो : साइलो एक हवा युक्त से अर्ध हवा युक्त ढ़ांचा है जो अधिक आर्द्रता वाले चारे को साइलेज के रूप में भण्डारण एवं संरक्षित करने के लिये प्रयोग किया जाता है।

साइलो के प्रकार :

सामान्यतः निम्न प्रकार के साइलो साइलेज बनाने में प्रयोग किये जाते हैं।

1. गढ़े / गर्त पिट 2. बंकर 3. रवाई / ट्रेन्चिस
4. वुर्ज / टावर 5. ट्रेंच कम बंकर

साइलो का आकार एवं आकृति साइलेज बनाने वाले चारे की मात्रा और उसकी अधिक सुगमता पर निर्भर करता है। गांवों में प्रायः गड्ढ़े और बंकर ही साइलोज के रूप में प्रयोग किये जाते हैं।

सरकारी पशुधन प्रक्षेत्रों और वाणिज्य तौर पर दूग्ध उत्पादक प्रक्षेत्रों जहां साइलेज काफी मात्रा में बनाई जाती है प्रायः टावर और बन्स साइलोज प्रयोग किये जाते हैं। साइलो कच्चे और पक्के दोनों प्रकार के हो सकते हैं और प्राय आयताकार एवं वेलनाकार आकृति के होते हैं।

साइलो के लक्षण :

साइलो भूमि के ऊपर और नीचे बनाया जा सकता है लेकिन इसमें निम्न विशेषतायें होनी चाहिए।

1. साइलो की दीवारें हवा बंद होनी चाहिए तथा पानी के रिसाव को रोकने के लिये कोई दरार नहीं होनी चाहिए। साइलो की दीवारें पोलीथीन की

बनी हो सकती हैं।

2. साइलों उथला नहीं बल्कि पर्याप्त गहरा होना चाहिए। हालांकि साइलो की गहराई किसी भी स्थान के पानी की सतह पर निर्भर करती है। यह हमेशा पानी की सतह से ऊपर होना चाहिए। यह भूमि से लगभग 2–3 मीटर ऊंचा होना चाहिए।
3. यह ऊंची सतह वाली भूमि पर बनाना चाहिए।
4. साइलो का आकार साइलेज बनाने वाले चारे की मात्रा के आधार पर निर्धारित करना चाहिए।
5. साइलो नीची सतह वाली भूमि पर नहीं बनाना चाहिए तथा तालाबों के पास नहीं होना चाहिए, जहां साइलो में पानी रिसने की संभावना अधिक रहती है।

साइलो के प्रकार

साइलेज बनाने के लिए विभिन्न प्रकार व आकार के साइलो को प्रयोग मे लाया जाता है। इन सभी प्रकार के साइलो की बनावट ऐसी होनी चाहिए जिससे उनमें अधिक से अधिक चारा भरा जा सके व समुचित वायु रहित वातावरण उत्पन्न हो सके, जिससे साइलेज बनाने के लिए आवश्यक रासायनिक प्रक्रियाएं संपादित हो सकें। साइलों के आकार में यह विशेषता भी होनी चाहिए कि उसके अन्दर वायु व बाहरी नमी का कम से कम समावेश हो सके।

स्थानीय जलवायु, भूमिगत जल स्तर तथा खर्च करने की क्षमता के अनुसार साइलो का निर्माण किया जाता है। साइलो का आकार मुख्यतः साइलेज बनाने के लिए उपलब्ध चारे की मात्रा पर निर्भर करता है।

बंकर साइलो

इस प्रकार के साइलो में फर्श पक्का होता है तथा दीवारें ईंट की बनी हुई होती है। यह चौड़ाई में खुला हुआ तथा भूमि की सतह पर निर्मित होता है। यह उन स्थानों के लिए विशेष रूप से उपयुक्त है जहां भूमिगत जल का स्तर काफी ऊँचा होता है तथा भूमि को खोदकर गड्ढे के आकार का साइलो बनाना संभव नहीं होता है।

पिट साइलो

यह वर्गाकार गड्ढे के आकार का निर्मित साइलो होता है। इसके लिए गड्ढे को ऐसे स्थान पर खोदा जाता है जो अपेक्षाकृत ऊंचा होता है और जहाँ वर्षा का जल भरने की आशंका नहीं होती। गड्ढे की लम्बाई, चौड़ाई एवं गहराई भरे जाने वाले चारे की मात्रा पर निर्भर करती है। इस प्रकार के साइलो में चारे को भरना एवं दबाना कठिन होता है। इस कठिनाई के कारण चारे के मध्य पर्याप्त वायु उपस्थित रह जाती है। व इस कारण अधिकतर चारे में फफूंद आदि लगने के कारण साइलेज की गुणवत्ता खराब हो जाती है। पिट साइलो बहु वर्षा एवं अधिक ऊँचे भूमिगत जल स्तर वाले क्षेत्रों के लिए उपयुक्त नहीं होता। पिट साइलो जिसकी लम्बाई एवं चौडाई 5 मीटर, गहराई 2 मीटर तथा भूमि की सतह से एक मीटर की ऊंचाई तक भरे जाने वाले पिट साइलो में लगभग 50 टन हरा चारा साइलेज बनाने के लिए भरा जा सकता है। यह मात्रा 20 गायों व भैंसों के लिए लगभग 6 माह तक खिलाने के लिए पर्याप्त होगी।

ट्रेंच साइलो

ट्रेंच अथवा खाईनुमा साइलो की भूमि को नीचे की ओर इस प्रकार खोदा जाता है कि इसके दो सिरे ढालू बन जाते हैं। यह साइलो कच्चा होता है और इसमें सीमेंट व ईंटों की चिनाई नहीं होती। इस प्रकार के साइलों में सतही क्षेत्र की अधिकता के कारण उच्च कोटि का साइलेज नहीं बनाया जा सकता क्योंकि इसके अंदर भंडारित चारे को पूर्ण वायु रहित वातावरण उपलब्ध न होने के कारण फफूंद आदि लगने की संभावना अधिक रहती हैं। इसके विपरीत इस प्रकार के साइलो में चारे को भली प्रकार दबाकर भरने की सुविधा रहती है। ट्रेंच साइलो को अब अनेकों दुग्ध प्रक्षेत्रों पर स्थाई रूप से सीमेंट व ईंट द्वारा निर्मित किया जाने लगा है।

टावर साइलो

इस प्रकार का साइलो सर्वाधिक महंगा और आधुनिक माना जाता है। यह गोल सिलेंडर के आकार का होता है, जिसे भूमि के ऊपर ऊंचाई में बनाया जाता है। टावर साइलो की नीव भूमिगत होती है तथा कुल लंबाई का थोड़ा भाग भूमिगत और अधिकांश भाग भूमि के उपर होता है। चारे की भराई यंत्रों की सहायता से इस प्रकार की जाती है कि टावर के ऊपरी भाग से चारा नीचे की ओर गिरकर एकत्रित होता है तथा अपने भार के कारण दबता जाता है। इस प्रकार का साइलो भारत में प्रचलित नहीं है।

साइलेज के लिए मानक

बहुत बढ़िया साइलेज : यह साफ होता है, स्वाद खट्टा होता है पर इसमें ब्यूटीरिक अम्ल, फफूंदी और प्रोटीन अपघटन नहीं होता। पी.एच.मान 3.5 और 4.2 के बीच होता है। इस किस्म के साइलेज में अमोनिया नाइट्रोजन की मात्रा कुल नाइट्रोजन का 10 प्रतिशत से कम होना चाहिए।

बढ़िया साइलेज : स्वाद खट्टा होता है। ब्यूटीरिक अम्ल के अल्पांश होते हैं। पी.एच. मान 4.2 से 4.5 के बीच होता है। अमोनिया नाइट्रोजन कुल नाइट्रोजन का 10 प्रतिशत से 15 प्रतिशत होती है।

अच्छा साइलेज : साइलेज थोड़े ब्यूटीरिक अम्ल से मिला होता है। कुछ फफूंदी के साथ हल्का प्रोटीन अपघटन होता है। पी.एच. मान 4.5 और 4.8 के बीच होता है। अमोनिया नाइट्रोजन कुल नाइट्रोजन का 15 से 20 प्रतिशत होता है।

घटिया साइलेजः इसमें बहुत अधिक ब्यूटीरिक अम्ल और बहुत प्रोटीन अपघटन के कारण बदबू आती है। साइलेज को फफूंदी लग सकती है। अम्लता कम व पी.एच. मान 4.8 से ऊपर होती है। अमोनिया नाइट्रोजन 20 प्रतिशत से अधिक होता है।

हेलेज

यह एक संरक्षित चारे का रूप है जिसके गुण हे' व साइलेज के मध्य होते हैं। हेलेज में 40 से 50 प्रतिशत आर्द्रता होती है। हेलेज के बनाने

में जीवाणुओं की वृद्धि/ विकास और किण्वन क्रिया सीमित होती है।

साइलेज की विशिष्टता

चारा फसल की वृद्धि अवस्था एवं किण्वन प्रक्रिया से सम्बन्धित कई कारण हैं जो साइलेज की गुणवता को नियंत्रित करते हैं।

1. चारे की वृद्धि अवस्था : अनुकूलतम/ सर्वोतम अवस्था पर काटी गई फसल से अच्छी गुणवत्ता वाली साइलेज तैयार की जा सकती है। साइलेज बनाने के लि़ए कुछ चारा फसलों की काटने की सर्वोत्तम अवस्था नीचे दी गई है।

फसल	काटने की अवस्था
प्राकृतिक घासें	बूट से हेडिंग की प्रारम्भिक अवस्था
जई	फूल आने से दाने की दुग्धावस्था
ज्वार एवं बाजरा	फूल आने से दाने की दुग्धावस्था
मक्का	दुग्ध से डेन्ट अवस्था
मक्चरी (Teosinte)	बूट
नेपियर संकर बाजरा एवं गुनीगिन्नी घास	एक मीटर लम्बाई होने पर

फसल में शुष्क पदार्थ की मात्रा के साथ पोषक तत्वों का संचय अधिक हो तभी साइलेज बनाने के लिए काटना चाहिए। 30–35 प्रतिशत शुष्क पदार्थ वाली फसल को एक अच्छे गुणवता वाली साइलेज के रूप में संरक्षित किया जा सकता है।

2. पी.एच. : अधिक आर्द्रता/ नमी वाली फसलों में पी.एच. का मान 4.2 से कम होना चाहिए जबकि कुम्लाहाई (wilted) फसल की साइलेज में पी.एच. का मान 4.5 होना चाहिए। कम पी.एच पर हानिकारक सुक्ष्म जीवों की क्रिया कम हो जाती है।

3. लेक्टिक अम्ल : अधिक आर्द्रता वाली साइलेज में लेक्टिक अम्ल की मात्रा 5–9 प्रतिशत के मध्य होनी चाहिए। अधिक शुष्क पदार्थ वाली फसलों में कम लेक्टिक अम्ल की मात्रा से अच्छी साइलेज तैयार की जा

सकती है।

4. साइलेज में फफूंदी की कोई भी कालोनी नहीं दिखनी चाहिए।

5. साइलेज की सुगंध अच्छी होनी चाहिए तथा इसमें अमोनिया और ब्यूटायरिक अम्ल की गन्ध नहीं होनी चाहिए।

6. साइलेज का रंग हरा होना चाहिए।

7. अधिक शुष्क पदार्थ वाली साइलेज में तम्बाकू जैसी गंध नहीं होनी चाहिए।

साइलेज गुणवत्ता संवर्धक

साइलेज की गुणवता कई कारकों जैसे आर्द्रता/ नमी की मात्रा, घुलनशील कार्बोहाइड्रेटस की मात्रा, प्रोटीन, चारे की किस्म एवं चारा काटने की अवस्था पर निर्भर करती है। इन पूर्व शर्तों के अलावा साइलेज बनाने की विधि इसकी गुणवता को प्रभावित करने वाला मुख्य कारक है। कुछ परिपूर्ण परिस्थितियों के अलावा साइलेज बनाने की प्रक्रिया में कोई ना कोई कमी रह जाती है। इस कमी को पूरा करने के लिये साइलेज एडिटिव का प्रयोग अनिवार्य हो जाता है। साइलेज एडिटिव वे पदार्थ है जो या तो किण्वन प्रक्रिया को बढ़ाते हैं या रोकते हैं और कभी–कभी साइलेज की पोषकता को बढ़ाते हैं। कार्य के आधार पर साइलेज एडिटिव दो प्रकार के होते हैं।

1. किण्वन उत्तेजक

अधिक शक्कर वाले पदार्थ (शीरा), इनोकुलैण्टस (लेक्टिक अम्ल जीवाणु) और कई इन्जाइम (सेलूलेजिस और हेमीसेलूलेजिस) जो लेक्टिक अम्ल जीवाणुओं की प्रजनन को बढ़ाते हैं उन्हें किण्वन उत्तेजक कहते हैं।

2. किण्वन अवरोधक

सामान्यतः ये वो पदार्थ है जो अर्ध या पूर्ण रूप से अनचाहे सूक्ष्मजीवों की वृद्धि को रोकते हैं। ये मुख्यतः अम्ल हैं जैसे कि हाइड्रोक्लोरिक एवं गंधक अम्ल। आजकल फोर्मिक अम्ल दूसरे अन्य लवण अम्लों की अपेक्षा अधिक पसंद किया जाता है क्योंकि यह कम संक्षारक है। फारमेलिन (40

प्रतिशत फार्मलडिहाइड घोल) एवं सोडियम मैटावायसल्फाईट का चूरा पाउडर किण्वन अवरोधक का उदाहरण हैं।

साइलेज बनाने के दौरान हानियां

साइलेज प्रक्रिया में शुष्क पदार्थ के साथ–साथ अन्य पोषक तत्वों की भी हानि होती है। साइलेज प्रकिया (जैविक एवं रसायनिक) में होने वाली विभिन्न हानियां निम्न तालिकाओं में दी गई हैं।

तालिका 1: साइलेज प्रकिया में तत्वों की हानियां

संरक्षण प्रक्रिया	शुष्क पदार्थ		स्टार्च इक्वेलैन्ट		पाचक प्रोटीन	
	नमूनों की संख्या	प्रतिशत हानि	नमूनों की संख्या	प्रतिशत हानि	नमूनों की संख्या	प्रतिशत हानि
सामान्य	486	16.7	64	32.0	71	37.9
उत्तेजक के साथ	246	16.7	31	21.8	31	17.8
अम्लीय	307	12.9	45	24.5	71	13.8
अवरोधक के साथ	66	16.9	04	29.6	04	49.0

तालिका 2: विभिन्न जैविक प्रक्रियाओं के दौरान साइलेज में होने वाली हानियां

जैविक प्रक्रिया	निर्णय	संभावित हानि (प्रतिशत)
श्वसन	अपरिहार्य	1–2
किण्वन	अपरिहार्य	1–4
बहने वाला द्रव	पारस्परिक	5–7
मुरझाने से पूर्व	अपरिहार्य	2–5
द्वितीय किण्वन	परिहार्य	0–5
वातजीवी रूपान्तरण	परिहार्य	0–10
उतारने / खिलाने के बाद वातजीवी रूपान्तरण	परिहार्य	0–15
कुल संरक्षण हानियां	परिहार्य	7–35

साइलेज खिलाने की विधि :

आरम्भ के कुछ दिनों में पशु साइलेज के स्वाद को पसंद नहीं करते तथा कम मात्रा में खाते हैं। साइलेज का स्वाद विकसित करने के लिये पशुओं को पहले सप्ताह में 5–10 कि. साइलेज हरे चारे के साथ मिलाकर खिलायें। एक बार स्वाद विकसित होने पर 20–30 कि. साइलेज दूसरे अन्य चारों के साथ पशुओं को प्रतिदिन खिलाया जा सकता है।

पोषक "हे" बनाना

चारा उत्पादन के लिए सघन फसल चक्रों के बावजूद भी अप्रैल से जून तथा अक्टूबर से दिसम्बर तक हमारे देश के लगभग सभी भागों में हरे चारे की कमी रहती है। सामान्यतः वर्षा एवं सर्दी के मौसम में चारे तथा प्राकृतिक घास की उपलब्धता अधिक होती है। पशुओं से अधिकाधिक दूध, मांस व ऊन प्राप्त करने हेतु, चारे का वर्ष भर उपलब्ध होना अत्यन्त आवश्यक है। इसके लिए बहुतन पैदावार के समय चारे की अतिरिक्त मात्रा का संरक्षण करके "हे" बनाना बहुत जरूरी है। हे बनाना एक प्रकिया है जिसमें कटी फसल की प्रारम्भिक आर्द्रता 70–90 प्रतिशत से 15–20 प्रतिशत तक कम की जाती है। हे' एक चारा है जिसमें 18 प्रतिशत से अधिक रेशा एवं 20 प्रतिशत से कम प्रोटीन होती है। चारे को सुखाकर रखना अथवा हे बनाना भारत में पुराने समय से प्रचलित है, परन्तु इस हे (कड़वी) की पोषकता बहुत कम होती है। यहाँ वैज्ञानिक विधि का वर्णन किया गया है।

'हे' बनाने की विधियां :

चारे की मात्रा बनाने की सुविधाएं एवं अवस्था के आधार पर हे' बनाने की तीन विधियां हैं।

1. खेत में 'हे' बनाना :

हे बनाने के लिए हरे चारे की फसल को उपयुक्त पौष्टिक अवस्था में खेत से काटकर सुखाया जाता है, जिससे नमी की मात्रा 15 प्रतिशत अथवा इससे कम हो जाए। पोषक हे मे चारे का हरा रंग, पत्तियां व दूसरे

पोषक तत्वों को नष्ट हाने से बचाया जाता है। इस हेतु चारे की कटाई, कटाई के समय, फसल की अवस्था, सुखाने एवं भंडारण की उपयुक्त विधियों का प्रयोग आवश्यक है। चूहों एवं घुमक्कड़ पशुओं से भी हे' को बचाना चाहिए।

चारे की सभी फसलें जिन्हें पशुओं को खिलाया जाता है, हे बनाने के लिए उपयुक्त है। परिपक्व फसलें 'हे' बनाने के लिए उपयुक्त नहीं मानी जाती, क्योंकि इस अवस्था में पौधे बड़े एवं शुष्क हो जाते है। इनमें रेशें व लिगनिन की मात्रा बढ़ने से पाचनशीलता घट जाती है।

प्रारम्भिक अवस्था में काटी गयी फसल 'हे' बनाने के लिए उपयुक्त नहीं होती। इस अवस्था में पौधों में जल की मात्रा अधिक होने से उन्हें सुखाना कठिन होता है तथा पौधों में पोषक तत्वों की कुल मात्रा भी कम होती है। अतः हे बनाने के लिए फसल की कटाई उचित अवस्था पर करना बहुत महत्वपूर्ण है। मक्का,ज्वार, बाजरा आदि फसलों के पौधों के तने ठोस एवं कठोर होते हैं परन्तु पत्तियां पतली होती है। इस कारण तने, पत्तियों की अपेक्षा देर से सूखते है। तनों के सूखने तक पत्तियां आवश्यकता से अधिक सूखकर गिरने लगती है। इन फसलों के तनों को लकड़ी के रोलर अथवा हथौड़े की सहायता से दबा कर तोड़ने से तनों में दरारें पड़ जाती है व सूखाने की क्रिया में तेजी आ जाती है इस प्रकिया में पत्तियों को अधिक नुकसान नहीं पहुँचाना चाहिए क्योंकि सूखने पर ऐसी पत्तियां अधिक झड़ती है व उनमें निहित प्रोटीन व विटामिन "ए" तत्वों की हानि होती है जिससे 'हे' की पौष्टिकता में कमी आ जाती है।

2. खलिहान में 'हे' बनाना :

इस विधि में अर्ध शुष्क 'हे' को एकत्र करके खलिहान में सुखाया जाता है। गर्म हवा या हवा को इन ढ़ेरों पर तब तक फूंका जाता है जब तक उनमें 75–80 प्रतिशत शुष्क पदार्थ हो जाये। खेतों में 'हे' को 30–40 प्रतिशत आर्द्रता तक सुखाया जाता है तथा इसके बाद बार्न में सुखाया जाता है। बिना गर्म हवा के 'हे' 7–14 दिनों के दौरान पूर्ण रूप से संरक्षित किया जा सकता है जबकि गर्म हवा के साथ कम समय की जरूरत पड़ती

है। इस विधि द्वारा बनाई गई हे' में पत्ते अधिक हरे एवं ज्यादा होते हैं एवं कम गिरते/ झड़ते हैं।

3. कृत्रिम विधि (Dehydration)

इस विधि में फसल को ताजा एवं अर्ध शुष्क अवस्था में सर्वप्रथम छोटे–छोटे टुकड़ों में काटा जाता है एवं बाद में कृत्रिम उपकरणों द्वारा सुखाया जाता है। इस विधि का सूअरों एवं कुक्कुट का एल्फा–2 मील द्वारा विटामिन 'ए' परिपूरक तैयार करने के लिये किया जाता है। इस विधि ा द्वारा बनाई गई 'हे' की गुणवता अधिक होती है तथा इसमें पोषक तत्वों का सबसे कम क्षय होता है।

'हे' बनाने के लाभ

1. चारे की कमी वाले दिनों में इसको खिला सकते है।
2. हरे चारे के पकने के बाद इसमें लिगनिन व रेशे की मात्रा बढ़ जाती है। अतः पाचकता व पशु की चारा खाने की क्षमता घट जाती है, परन्तु हे' के साथ ऐसा नहीं होता।
3. उचित समय पर चारे की फसल काट कर खेत को अगली फसल बोने के लिए तैयार किया जा सकता है। इस प्रकार प्रति हैक्टेयर जमीन से अधिक चारा प्राप्त किया जा सकता है ।
4. वर्षा ऋतु में उगी प्राकृतिक घास और खरपतवार को चारे की कमी वाले दिनों के लिए सुरक्षित रखा जा सकता है।
5. परिपक्व फसल की पत्तियां झड़कर गिर जाने से चारे की मात्रा और पौष्टिकता में हुई कमी को रोका जा सकता है।
6. चारे की बहुतायत वाले स्थानों से कमी वाले स्थानों पर सुविधापूर्वक ले जाया जा सकता है।
7. खरपतवार को उनके बीज गिरने जाने से पूर्व काटने पर भविष्य में उनकी वृद्धि को रोका जा सकता है।
8. 'हे', में विटामिन डी की मात्रा में वृद्धि होती है, तथा बरसीम जैसी फसलों में अफारा करने वाले पदार्थ नष्ट हो जाते है।

हे बनाने के लिए उपयुक्त फसलें

पतले एवं मुलायम तने वाली फसलें मोटे और कठोर तने वाली फसलों की अपेक्षा 'हे' बनाने के लिये अधिक उपयोगी होती है। चारे की फसलें जिन्हें हरी अवस्था में पशुओं को खिलाया जाता है, हे बनाने के लिए उपयुक्त है, परन्तु निम्नलिखित कुछ फसलें ऐसी है जो कि हे बनाने के लिए सर्वाधिक उपयुक्त हैं तथा इनको सुखाकर आसानी से संरक्षित किया जा सकता है।

फलीदार फसलें

बरसीम, लोबिया, लूसर्न (रिंजका) व मटर की फसलें "हे" बनाने के लिए सर्वाधिक उपयुक्त मानी जाती है। इस हे में प्रोटीन, कैल्शियम व कैरोटीन की मात्रा अधिक होती है। रिजका मध्य पुष्पावस्था तथा बरसीम पुष्पावस्था के प्रारम्भ से काटी जानी चाहिए। सामान्य रूप से फलीदार फसलों को पुष्पावस्था के प्रारम्भ से लेकर मध्य तक हे बनाने के लिए काटना चाहिए।

दाने वाली फसलें

जई 'हे' बनाने के लिए सर्वोत्तम चारे की फसल है। ज्वार, बाजरा व अन्य दाने वाली फसलों का तना मोटा होने के कारण हे बनाने के लिए इतनी उपयुक्त नहीं हैं। इन सभी फसलों को "हे" बनाने के लिए पुष्पावस्था के प्रारम्भ में काटना चाहिए।

घासें

दूब चारे वाली घासों में हे बनाने के लिए सर्वोत्तम मानी गई है। इसके अतिरिक्त अंजन, गिन्नी सैटेरिया व संकर नैपियर घास की भी हे बनाई जा सकती है। इनकी कटाई सामान्यतः पूर्ण पुष्पावस्था से पूर्व की जानी चाहिए। 'हे' बनाने के लिए संकर नैपियर की कटाई उस समय करनी चाहिए जब पौधे लगभग एक मीटर की ऊंचाई के हो जायें।

अच्छी गुणवता की 'हे' बनाने के लिए उचित फसल चुनाव के अतिरिक्त निम्नलिखित बातों को ध्यान में रखना आवश्यक है। फसल की

कटाई उचित अवस्था में करनी चाहिए। जहाँ तक सम्भव हो फसल की कटाई से पहले सिंचाई न करें। सिंचाई के पश्चात फसल की कटाई करने से पौधों में नमी की मात्रा बढ़ जाती है तथा सुखाना कठिन होता है। कटाई करने के बाद चारे को छोटे–छोटे टुकड़ों में काट लेने से भी सुखाना आसान हो जाता है। इस प्रकार काटे गये चारे को पतली परतों में छायादार स्थान पर फैलाकर सुखाना चाहिए। सूर्य की सीधी किरणों में सुखाने पर चारे की कैरोटीन नष्ट हो जाती है, व हे' की विटामिन 'ए' एवं 'ई' की मात्रा घट जाती है। दिन के समय हरे चारे की कुट्टी को सुखाते समय 2–3 बार पलटना चाहिए जिसमें नीचे का गीला चारा उपर आकर सूख जाएं। रात्रि के समय चारे को समेट कर ढेर बना देने से ओस अथवा वर्षा होने पर चारा भीगने से बच जाता है। 'हे' की मात्रा अधिक सुखाने के बाद हरे चारे को दबा कर गांठों के रूप में परिवर्तित किया जाता है जिससे भण्डारण में कम स्थान की आवश्यकता पड़ें। सूखे चारे की गांठें यांत्रिक रूप से तैयार की जाती है। मौसम के अनुसार हरे चारे को 15 प्रतिशत नमी तक सूखने में 3–4 दिन का समय लग सकता है। जब चारा अपेक्षित नमी के स्तर तक सूख जाऐं तो इसे सावधानी पूर्वक उठा कर किसी नमी रहित स्थान में भण्डारण करना चाहिए।

बहुधा गर्म व हवादार मौसम जिसमें वायु मंडल अपेक्षाकृत नमी रहित होती हैं, हे बनाने के लिए सर्वाधिक अनुकूल पाया गया है। ऐसे मौसम में काटे गये पौधों में नमी की कमी तेज गति से होती है तथा तत्वों की हानि अपेक्षाकृत कम होती है। इसके विपरित मेघाच्छादित आकाश व आर्द्र वातावरण की स्थिति में पौधों का सुखाना कठिन होता है। ऐसी परिस्थिति म पौधों से घुलनशील लवण तत्वों का भी ह्रास अधिक होता है, क्योंकि पौध ों के एन्जाइम विघटन प्रक्रिया अधिक समय तक करते रहते हैं।

प्रतिकूल मौसम, अधिक आर्द्र वातावरण तथा अधिक नम चारे की अवस्था में सूखने की प्रक्रिया देरी में सम्पन्न होती है। इसी बीच बहुधा चारे में फफून्दी व जीवाणु पैदा होकर चारे में सड़न कर देते हैं।

अनुकूलतम परिस्थितियों में बनाये गये उत्तम प्रकार के हे की गुणवत्ता पर अन्तः भण्डारण की विधि का भी प्रभाव पड़ता है। नम स्थान पर

त्रुटिपूर्ण भण्डारण हे' में अपेक्षित नमी के स्तर में वृद्धि करता है तथा इससे फफून्दी व जीवाणुओं के हानिकारक प्रभाव दिखाई देते हैं। कभी–कभी भंडारित हे में नमी के स्तर में वृद्धि हो जाने के कारण जीवाणुओं की क्रिया से इतनी गरमी पैदा हो जाती है कि सूखा चारा धुम्र युक्त होकर काला पड़ जाता है। इस अवस्था को स्वतः प्रज्वलित होना भी कहते है। अतः हे के भंडारण के लिए नमी रहित हवादार स्थान का होना आवश्यक है।

'हे' बनाने की विधि

'हे' बनाने की तीन प्रमुख विधि हैं।

तिपाई विधि : तिपाई बनाने के लिए लकड़ी या लोहे के तीन खम्भे काम में लिये जाते हैं। प्रत्येक की ऊंचाई 3–3.5 मीटर होनी चाहिए। खम्बों की तिपाई पर जाल सा बना दिया जाता है। काटी गई घास या हरे चारों को इस जाल पर फैला देना चाहिए। समय–समय पर चारे को उलटते–पलटते रहना चाहिए जिससे सारा चारा साथ–साथ सूखे। यह विधि सर्वोत्तम मानी जाती है और खराब मौसम में अन्य विधियों की अपेक्षा अधिक सुविधाजनक होती है।

फार्म बाड विधि : फार्म की जालीदार तारों या कांटेदार तारों की बाड के ऊपर चारे को पतली तहों में फैला देते हैं। चारे को समय पर उलटते पलटते रहने से चारा साथ–साथ सूखता है और कैरोटिन (हरेपन) की हानि बहुत कम होती है।

भूमि विधि : चारे को काट कर छोटे–छोटे ढेरों या पतली तह में खेत मे ही डालकर हे सूखाने की विधि को भूमि विधि कहते हैं। इस प्रकार बनाये गये ढेरों मे एक दो बार पलट देते हैं। पौष्टिक हे बनाने के लिए चारा फसल को सुबह ओस की बून्दें सूख जाने के बाद काटना चाहिए। काटने के बाद चारे को खेत में ज्यों का त्यों छोड़ देना चाहिए जिससे वह थोड़ा सूख जाए। इसके चार पांच घन्टे बाद चारे को पलट कर नीचे का चारा ऊपर, ऊपर का चारा नीचे कर देना चाहिए। सितम्बर–अक्टूबर के मौसम में दोपहर बाद तक चारे में पानी की मात्रा 75 प्रतिशत से घटकर 40 प्रतिशत तक आ जाती है। शाम को चारे के छोटे–छोटे ढेर बनाकर

छोड़ देना चाहिए। दूसरे दिन दो बार फिर पलट देना चाहिए। ऐसा करने से दोपहर तक चारे में पानी की मात्रा घट कर 25 प्रतिशत रह जाती है। इसके बाद हमें 'हे' के गठ्ठर या पूले बना लेना चाहिए। अधिक वर्षा वाले क्षेत्रों नें तिपाई विधि से हे बनानी चाहिए। तिपाई पर चारा सूखाने से विशेष लाभ यह है कि वर्षा होने पर पानी निचड़ कर नीचे गिर जाता है और हवा का आवश्यक संचार बना रहता है जिससे 'हे' खराब हाने से बच जाती है। 'हे' बनाने के लिए तारों, छतों, मेड़ों, पेड़ों, लोहे की चादरों आदि का प्रयोग भी हमारे देश में किया जाता है। तैयार हे को ऊंचे स्थान पर छायादार बाडों या वृक्षों की छाया में भंडारित करना चाहिए।

हे बनाने की हिसार विधि : बरसीम व लूसर्न चारे की दलहनी फसलें है यह ''हे'' बनाने के लिए सर्वश्रेष्ठ है परन्तु तना पत्तियों की अपेक्षा मोटा होने की वजह से पत्तियों के झड़ने का भय रहता है। पत्तियों में प्रोटीन की मात्रा तने से 2 या 3 गुना अधिक होती है। इस प्रकार यदि पत्तियां झड़ जाएं तो ''हे'' का पौष्टिक मूल्य बहुत ही कम रह जाता है। हरियाणा कृषि विश्वविद्यालय ने 1971 में बरसीम व लूसर्न से ''हे'' बनाने का एक आसान तरीका निकाला है जिसमें पत्तियों की हानि बिल्कुल नहीं होती।

विधि :बरसीम या लूसर्न को फूल आने से पहले खेत से काट लें फिर इसकी चारा काटने वाली मशीन से करीब 2'' लम्बे टुकड़ों में कुट्टी कर लें फिर इसे चारे को चिकने फर्श, मकान की छत या अन्य साफ स्थान पर 6'' मोटी तह में फैला कर सुखायें। दिन में 3 या 4 बार इसकी उलटा–पलटी करें । इस प्रकार 2 या 3 दिन में ''हे'' तैयार हो जाती है। सूखने के बाद इसे धूप या कोठे में इकट्ठा किया जा सकता है तथा आवश्यकता पड़ने पर या गर्मी व वर्षा के मौसम में जब प्रोटीन वाले चारे की कमी होती है इसे पशुओं को खिलाकर लाभ उठाया जा सकता है। इस विधि का यह लाभ है कि कुट्टी करने से चारा जल्दी सूख जाता है तथा उलटा–पलटी करने व ढुलाई करने में पत्तियां बिल्कुल नष्ट नहीं होती।

हे' का भण्डारण : उचित विधि द्वारा बनी 'हे' को सही ढंग से भण्डारण करने पर अधिक समय तक बिना किसी प्रकार के नुकसान से रखा जा सकता है। भण्डारण का मुख्य उद्देश्य 'हे' को शुष्क रखना तथा

इसको चूहों, कीट, आवारा पशुओं, आग एवं हवा से बचाना है।

अधिक मात्रा में बनी हे' को ढेरों के रूप में भण्डारित करना एक पारम्परिक विधि है। हे' को वांछनीय अवस्था तक खेत में सूखने के बाद भण्डारण के स्थान पर ढेरों के रूप में एकत्र कर देना चाहिए। 'हे' की अवस्था एवं मात्रा के अनुसार ढेर की आकृति सिलेण्ड्रीकल एवं आयाताकार हो सकती है।

'हे' का ढेर बीच में अधिक सख्त बना होना चाहिए अन्यथा यह धंस जाएगा और वर्षा का पानी इसमें घुस सकता है। ढेर को हवा से बचाने के लिये रस्सी या जाली का प्रयोग किया जाता है। वर्षा वाले क्षेत्रों में हे' को बचाने के लिये प्रायः घास एवं भूसा का प्रयोग किया जाता है। पेड़ों के काटों के अन्दर हे' एवं भूसा का भण्डारण काफी क्षेत्रों में किया जाता है ताकि इन्हें आवारा पशुओं से बचाया जा सके। अर्ध शुष्क क्षेत्रों में छोटे किसान हे' को अक्सर घरों की छतों पर भण्डारण करते हैं।

हे' बनने के बाद काफी लम्बे समय तक रखी जा सकती है बशर्ते कि उचित विधि द्वारा बनी हो तथा ठीक प्रकार से भण्डारण किया गया हो। भण्डारण के समय भी पोषक तत्वों का नुकसान होता है। देखा गया है कि 36^0 से.ग्रे. तापमान तथा 15 प्रतिशत नमी की 'हे' में 9 मास भण्डारण से 6 प्रतिशत तक शुष्क पदार्थ की क्षति हुई, जो मुख्यतः विलय शील शर्करा में होती है। कैरोटीन की क्षति भी भण्डारण के समय होती हे। 'हे' जिसमें केवल 16 प्रतिशत नमी हो, भण्डारण में ताप वृद्धि बहुत ही कम होती है तथा 25 प्रतिशत नमी की हे में तेजी से ताप वृद्धि होकर 45^0 से.ग्रे. तक हो जाता है। इसपर एसपरजिलस फ्लावस जैसी कई प्रकार की फफून्दी भी इसमें लग जाती है। इससे पोषक तत्वों की क्षति भी अधिक होती है। 'हे' में 30 प्रतिशत से अधिक नमी पर तो झुलस जाती है व पाचकता विशेषकर प्रोटीन की पाचकता घट जाती है।

'हे' बनाने में शुष्क पदार्थ की एन्जाइम (श्वसन) किया से. 4–15 प्रतिशत, पत्तियों के झड़ने से 2–5 प्रतिशत, वर्षा से 5–14 प्रतिशत की क्षति हो जाती है। कुल पचनीय पोषकों की मात्रा भी लगभग 25 प्रतिशत घट जाती है, तथा वर्षा से तो यह कमी 42 प्रतिशत तक गिर जाती है।

कैरोटिन सूर्य के प्रकाश में विघटित हो जाती है तथा लिपोक्सीडेज एन्जाइम की क्रिया से कम हो जाती है। विटामिन ई भी घट सकता है, लेकिन विटामिन डी में वृद्धि होती है। कई अमीनों अम्लों का विघटन भी होता है व पैरोलीन की मात्रा बढ़ जाती है।

'हे' प्रक्रिया में हानि तत्वों का नुकसान निम्न तालिका– 3 में दिया गया है।

तालिका 3 : 'हे' बनाने में तत्वों की हानियां

परिवर्तित प्रक्रिया	शुष्क पदार्थ		स्टार्च इक्यूवेलेन्ट		पाचक प्रोटीन	
	नमूनों की संख्या	हानि %	नमूनों की संख्या	हानि %	नमूनों की संख्या	हानि %
जमीन पर सुखाना	125	21.1	126	42.0	119	33.8
उपकरणों द्वारा सुखाना	101	17.6	101	38.6	101	29.2
खलिहान में सुखाना	05	15	05	35.0	05	25.0

उत्तम "हे" के गुण

- एक अच्छी "हे" में निम्नलिखित गुण होने चाहिए :
- अच्छी 'हे' फलीदार होनी चाहिए क्योंकि पत्तियां पौधे के अन्य भागों की अपेक्षा अधिक पौष्टिक होती है।
- 'हे' बनाने के लिए चारे को परिपक्व होने से पहले फूल आने पर ही काट लेना चाहिए।
- तैयार 'हे' का रंग हरा होना चाहिए।
- पत्तियों का हरापन उनमें कैरोटिन की मात्रा का द्योतक है। मुलायम और लचीली होनी चाहिए।
- अच्छी 'हे' धूल, मिट्टी और फफूंदी रहित होनी चाहिए। अच्छी हे' में खरपतवार और फसलों के ठूठ नहीं होनी चाहिए।

- अच्छी हे' जिस फसल से बनाई गई है उसकी ताजगी और खुशबू होना चाहिए। अच्छी हे' में पानी की मात्रा 15 प्रतिशत से अधिक नहीं होना चाहिए।

'हे' परिरक्षक (Preservatives)

परिरक्षक वे पदार्थ (विशेषतः रसायनिक) है जो 'हे' को अधिक आर्द्रता पर भण्डार करने के काम आते हैं तथा फफूंदी की वृद्धि को रोकते हैं। प्रोपिओनिक अम्ल एक ऐसा रासायनिक पदार्थ है जो हे' परिरक्षक के रूप में प्रयोग किया जाता है। प्रोपिओनिक अम्ल 3 किलोग्राम/ टन 30 प्रतिशत आर्द्रता वाली चारे को हे' के रूप में परिरक्षित करता है तथा इसमें फफूंदी की उत्पति को रोकता है। अजल अमोनिया या यूरिया का उपचार जो मूल रूप से भूसा की पाचकता बढ़ाने के लिये विकसित किया गया था, 'हे' को अवातजीवी (anaerobic) अवस्था में अच्छा बनाए रखता है तथा उसकी पोषकता में वृद्धि करता है।

चारा परिशिष्ट– 1 फसलों की कृषि कार्यशाला

फसल नाम	स्वीकृत की गयी किस्म	बोने का समय	बीज की दर किलो/है0	खाद की दर कि0 प्रति है0	सिंचाई	फसल काटने का समय	उत्पादन टन प्रति है0	टिप्पणी
ज्वार	पूसा चरी–1,6 ओर 9 जे.एस.20 हरियाणा चरी विदिशा 60–1 एच.सी.136 उज्जैन 6,8 सी. ओ.11 एस.44 ,स्वर्ण मीठी एम0 पी0चरी	मार्च से जुलाई (उ), फरवरी से 1 नवम्बर (द)	50 कि.ग्रा.	नत्रजन 100 कि.ग्रा. दो भागों में फास्फोरस 40–60 क्विं	गर्मी में 3–4 वर्षा के मौसम में आवश्यकता अनुसार	80–90 दिन देर से तैयार होने वाली किस्म एवं 60–70 दिन जल्दी तैयार होने वाली किस्म	30–50	गर्मी में एच.सी.एन. होती है अतः फूल आने से पहले नहीं खिलाना चाहिए
मक्का	अफ्रीकन टाल, गंगा–5,2, विजय कम्पोजिट, , जे. 1006 और जवाहर	मार्च से अगस्त (उ) फरवरी से नवम्बर (द)	60–75 50–60	नत्रजन 100 किलो दो भागों में 40–60 क्विं फास्फोरस	गर्मी में 4–6 वर्षा के मोसम में आवश्यकता अनुसार	60–70 दिन	30–35	—
बाजरा	बी.जे–104, बी. के 560,230 संकर या बी.एल. –74 कई कटाई वाली	मार्च से 10 जुलाई (उ) , फरवरी से नवम्बर (द)	10	नत्रजन 75 किलो दो भागों में 40–60 क्विं	गर्मी में 3–4 वर्षा के मौसम में आवश्यकता अनुसार	50–60 दिन फूल जाने से पूर्व	35–45	—

लोबिया	एफ0ओ.एस–1 एच71, के 396 रशियन जवांइट और यू0पी0286,, 287	अप्रैल से जुलाई (उ), फरवरी से नवम्बर (द),	40–50 शुद्ध 15–20 मिश्रण।	नत्रजन 25 कि0 फासफोरस 60कि.	2–3	60–70 दिन	35	जल निकास का अच्छा प्रबन्ध होना चाहिए
ग्वार	एफ.एस 277 ग्वार–80	जून से जुलाई	30–40 ब्रांच, 50–55 बिना ब्रांच	नत्रजन 20 किलो फास्फोरस. 40 कि.	1–2	65–85 दिन	30–35	जल निकास का अच्छा प्रबन्ध होना चाहिए
जई	हरियाणा जवी,कैंट, यू0पी0 ओ0, ओ.एल.9, जे.ए.ओ.–822 ओ.एस.6,8	मध्य अक्टूबर से दिसम्बर के अन्त तक	75–80 मध्यम आकार के बीज 100–120 मोटे बीज	नत्रजन 100 किलो दो भागों में	3–4	110–120 दिन एक कटाई 55–60 दिन, दूसरी कटाई उसके 50–55 दिन बाद	45–50	—
बरसीम	मस्कावी वरदान वी.एल 10,22,42 जे.एच.बी. 822, 851	सितम्बर के मध्य और नवम्बर के प्रारम्भ में	25–30	फासफोरस. 80 कि0	जाड़ों में 15–20 दिन और गर्मी में 10–15 दिन के अन्तर पर	पहली कटाई 40–45 दिन दूसरी कटाई और तीसरी कटाई 30–35 दिन पर इसके बाद 20–25 दिन पर	75–80 50–70	पहली बार बरसीम कल्चर का उपयोग करना आवश्यक है

लूसर्न	टी–9 (बहुवर्षीय) आनंद–2 (वार्षिक) चेतक	अक्टूबर से नवम्बर	15		नत्रजन 25 किलो फासफोरस. 80 कि0ग्रा0	जाड़े में 20 और गर्मी में 19 दिन के अन्तर पर	पहली कटाई 75–90 दिन पद इसके पश्चात कटाई 20–30 दिन के बाद	50–60	मई से जून में अत्यधिक अच्छी मिलती है
सरसों	एल0जी0 एल0 जापान रेप चाइनीज कैबेज	सितम्बर के प्रारम्भ से नवम्बर के अन्त तक	8–15		नत्रजन 60 किलो दो भागों में	2–3	60–70 दिन बाद	35–50	चइनीज कैबेज से दो कटाई ली जा सकती है यदि पहली कटाई 45 दिन बाद की जाये
शलजम	लाल और सफेद	सितम्बर से नवम्बर	5–6		200 किलो नत्रजन दो भागो में पोटाश मिट्टी परीक्षण के अनुसार	3–4	60–70 दिन बाद	35–50	फसल की समय पर कटाई पर लेनी चाहिए
नेपियर बाजरा संकर	एन.वी.21 एन0वी0–4 एन0वी0–3 इगफ्री– 3,6, 10 का–3	मार्च से जुलाई (उ) फरवरी से नवम्बर (द)	36000 (जड़ें)		नत्रजन 200 कि0	गर्मी में 10 दिन, जाडे में 20 दिन के अन्तर पर	पहली कटाई 60 दिन में इसके पश्चात 35–40 दिन के पश्चात	150 (उ) 200(द)	सही अवस्था में खिलाना चाहिए

संदर्भिका

स्टार्क, बी.ए. एण्ड विलकिन्सन, जे. एम. (सम्पादक) (1987). डवलपमैन्ट इन साइलेज। मार्लो, चालकोम्बे पब्लिकेशन्स।

मेकडॉनाल्ड, पी., हेन्डरसन, ए.आर. एण्ड हेरोन, एस.जे.ई. (1991). दी बायोकेमीस्ट्री ऑफ साइलेज। 2दक एडीशन।

बरनेट, ए.जे.जी. (1954). साइलेज फरमेन्टेशन/ अकेडमिक प्रेस, न्यूयार्क।

वर्मा, ए., यादव, वी.पी.एस. एण्ड सम्पत, के.टी. (1987). एन इनसाइलेज टेक्नोलोजी फॉर दी ट्राइबल फारमरस ऑफ नार्थ–इस्टर्न हिल–रिजन। इण्डियन जर्नल ऑफ एनीमल साइंस। 57: 1306–1309।

जिमर, ई. (1971). फेक्टर्स इफेक्टिंग साइलेज फरमेन्टेशन इन साइलोज। इन्टरनेशनल रिसर्च कांफ्रेंस, हेल्ड एट वाशिंगटन, डी.सी., 6–8 दिसम्बर।

वुलफोर्ड, एम.के. दी साइलेज फरमेन्टेशन/ मारसल डैकी , न्यूयार्क एण्ड वेसल।

रेमन्ड, एफ., गोरइन, एस. एण्ड रिचर्ड, डब्ल्यू. फोरेज कन्जरवेशन एण्ड फिडिंग। फार्मिंग प्रेस लिमिटेड, बारफीडेल रोड़, अफेलोक्स।

मैक्डोनाल्ड, पी., इडवार्डस, आर.ए., ग्रीतहाल्ग, जे.डी.एफ. एण्ड मोरगन, सी.ए. 2002. एनीमल न्यूट्रिशन। 6जी एडीसन. पीएरसन एजुकेशन, सिंगापुर प्राईवेट लिमिटेड, इन्डियन ब्रांच पटपडगंज, दिल्ली, भारत।

नाश, एम.जे. 1985. कोप कन्जरवेशन एण्ड स्टोरेज, आक्सफोर्ड, प्रगमोन प्रेस।

सुलीवान, जे.टी. 1973. ड्राइंग एण्ड स्टोरिंग हरवेज एज हे'। इन बटलर, जी.डब्ल्यू. एण्ड वैली, अमू.डब्ल्यू (एडिटर) केमीस्ट्री एवं बायोकेमेस्ट्री आफ हरवेज, वोल्यूम 3, लन्दन अकेडमिक प्रेस।

सटल, जे. एम. 2000 हे' एण्ड स्ट्रा कन्जरवेशन फार स्माल स्केल फार्मिंग एण्ड पास्टोरल कन्डीशन्स, एफ.ए.ओ. पब्लिकेशन प्लान्ट प्रोडक्शन एण्ड प्रोटेक्शन सिरीज न. 29।

बेमेन्ट आर. ई., (1969)। ए स्टाकिंग रेट गाइड फार बीफ प्रोडक्शन आन ब्लू गामा रैन्ज, जे. रैन्ज मैनेज, 22: 83–86।

कोठमान एम. एम., मैथीज जी. डब्लू और वालट्रिप डब्लू. जे. (1971)। काऊ– कॉफ रेसपांस टू स्टाकिंग रेटस एण्ड ग्रेजिंग सिस्टम ऑन नेटिव रैन्ज, जे. रैन्ज मैनेज, 24: 100–105।

लैंग आर. एल., बार्नेस ओ. के., एण्ड रोजी एफ. (1976)। शार्टग्रास रैन्ज ग्रेजिंग इफेक्ट ऑन वैजिटेशन एण्ड शीप गेन्स, डब्लू. वाई. ओ. एग्रीकल्चर एक्सपेरीमैन्ट स्टेशन बुलेटिन, 343।

मैकडॉवेल एल. आर. (1985)। न्यूट्रीशन ऑफ ग्रेजिंग रयूमिनैन्टस इन वार्म क्लाईमैट्स, एकेडिमिक प्रेस इंक, लंदन।

पाठक पी. एस. (2003)। स्ट्रेटेजी टू मैक्सीमाइज प्रोडक्सन डिसपाइट पुअर रेनफालः ए फोकस ऑन फारेजेज शार्ट टर्म ट्रेनिंग कोर्स ऑन फारेज डेवलपमैन्ट एण्ड सीड प्रौडक्शन, फरवरी 25–मार्च 26, आई. जी. एफ. आर. आई. झाँसी, पृष्ट सं0 1–7।

पाठक पी. एस. एण्ड कुमार सुनील (2004)। फारेज एण्ड ग्रेजिंग रिर्सोसिज इन डिफरैन्ट एग्रो क्लाइमैटिक रिजन्स ऑफ इण्डिया, इन बफैलो प्रौडक्शन अंडर डिफरैन्ट क्लाईमैटिक रिजन्स (एस. एस. कुण्डू, ए. के. मिश्रा एण्ड पी. एस. पाठक) आई. जी. एफ. आर. आई. झाँसी, पष्ट सं0 1–41।

पाइपर आर. डी., नेल्शन ए. बी., स्मिथ जीत्र एस. पार्कर ई. ई., बोग्गीनो ई. जे. एण्ड हैच एस. एल. (1978)। कैमिकल कम्पोजिशन एण्ड डाइजैस्टीबिलिटी ऑफ इर्म्पोटैन्ट रेंज ग्रास इन साउथ–सैन्ट्रल न्यू मैक्स्किो, एन. मैक्स, एग्री एक्स स्टेशन, वुले, 662।

राय पी. (1990)। स्टैब्लिसमैन्ट एण्ड मैनेजमैन्ट ऑफ ट्रोपिकल पाश्चर इन इण्डिया, इनः सिल्वीपाश्चरल सिस्टम इन इण्डिया (पी. एस. पाठक, पंजाब सिंह) रैंज मैनेजमैन्ट सोसाइटी ऑफ इण्डिया, आई. जी. एफ. आर. आई. झाँसी, पृष्ट सं0 131–146।

सिंह आर. पी., (इडी.) 1995। फोरेज प्रौडक्शन एण्ड यूटिलाईजेशन आई. जी. एफ. आर. आई. झाँसी,।

स्कोवलिन जे. एम., हैरिस आर. डब्लू., स्टिक्लर जी. एस. एण्ड गैरीसन जी. ए. (1976)। इफैक्ट ऑफ कैटल ग्रेजिंग मैथड़ ऑन पोंडेरोसा पिन–बंच ग्रास रैंज इन दि पैसेफिक नार्थ वैस्ट, यू. एस. डिपार्टमैन्ट एग्री. टेक बुले. 1531।

स्मोलिक एस. (1974)। रैंज वैजिटेशन एण्ड शीप प्रौडक्शन एट थ्री स्टाकिंग रेट्स ऑन स्टिपपेबौटेलोवा प्राइरी, जे. रैंज मैनेज, 27: 23–26।

त्यागी आर. के. एण्ड सिंह पंजाब (1987)। ग्रेजिंग रिर्सोसिज ग्रेजिंग सिस्टम इन इण्डिया इनः पाश्चर एण्ड फोरेज क्राप्स रिर्सच ए स्टेट ऑफ नॉलेज रिपोर्ट, थर्ड इन्टरनेशनल रैंज लैंड़ कांग्रेस आर. एफ. एस. आई., आई. जी. एफ. आर. आई., झाँसी पृष्ट सं. 17–34।

विलियम्स डब्लू. डी. स्मोलिक एस. एण्ड स्याल्जी जी. बी. (1986)। कैटल वैट गैन्स इन

रिलेशन टू स्टोकिंग रेट ऑन फेस्क ग्रासलैण्ड, जे. रैंज मैनेज, 39: 182–187।

डेवराप आर., पाटिल बी. डी. एण्ड गुप्ता एस. के. (1979)। सिल्वीपॉश्चरल स्टेड़ीज ऑन फ्यूल कम फीडर ट्रीज, एनुवल रिपोर्ट, आई. जी. एफ. आर. आई., झाँसी ।

गुप्ता एस. के., पाठक पी. एस. एण्ड डेबरॉय आर. (1983)। बायोमास प्रौडक्शन ऑफ सेसवानिया सेसवन इन डिफरैन्ट हैविटैट्स, माई फारेस्ट, 19: 145–155।

मंडल एल. (1997)। न्यूट्रिटिव वैल्यूज ऑफ दि लिव्ज ऑफ सम ट्रोपिकल स्पेसिज फॉर गोट्स, स्माल रयूमिनैन्टस रिसर्च, 24: 95–105।

पाठक पी. एस. एण्ड पाटिल वी. डी. (1980)। फ्यूल वुड़ एण्ड फोरेज प्रौडक्शन फ्राम ल्यूसेनिया ल्यूकोसिफैला, ल्यूसेनिया रिसर्च रिपोर्ट, 1:11।

पाठक पी. एस. एण्ड रॉय एम. एम. (1992)। फोडर ट्रीज इन एग्रोफोरेस्ट्री दैयर सेलेक्शन एण्ड मैनेजमैन्ट, रैंज मैनेजमैन्ट एण्ड एग्रोफोरेस्ट्री, 13: 63–87।

पाठक पी. एस. एण्ड रॉय एम. एम. (1994)। सिल्वीपॉश्चरल सिस्टम ऑफ प्रौडक्शन, ए रिसर्च बुलेटिन, आई. जी. एफ. आर. आई., झाँसी ।

पाठक पी. एस., पटेरिया एच. एम., सोलंकी के. आर. (2000)। एग्रोफोरेस्ट्री सिस्टम इन इण्डिया, ए डाइग्नोसिस एण्ड डिजाईन अप्रोच, आई. सी. ए. आर. नई दिल्ली।

रॉय एम. एम., पाठक पी. एस. एण्ड डेबरॉय आर. (1984)। डाइक्रोस्टेचीस इनेरिया (एल) वेट एण्ड ऑर्न विद स्पेशल रेफरेंस टू इटस पौऐन्सियल ऑन वैस्टलैन्ड्स, माई फोरेस्ट, 20: 213–224।

शर्मा एन. के., सिंह आर. पी. मंजीत एण्ड हर्ष एल. एन. (2001)। सिल्वीपॉश्चर मैनेजमैन्ट इन हॉट–एरिड एण्ड सेमी–एरिड इकोसिसटम, एग्रोटेक पब्लिशिंग अकैडमी, उदयपुर राजस्थान।

सिंह पंजाब, एण्ड पाठक पी. एस. (1990)। इस्टैब्लिशमैन्ट एण्ड ग्रोथ ऑफ एम. पी. टी. एस. स्पेसीज इन नैचुरल सेहिया डाइएन्थियम ग्रास कवर ऑफ बुन्देलखण्ड रीजन इनः एम. पी. टी. एस. फॉर एग्रोफोरेस्ट्री सिस्टम (पी. एस. पाठक, डेबारॉय एण्ड पी. सिंह) आई. एस. एस. आई. झाँसी पृष्ट सं. 127–132।

ठाकुर एस. एस., एण्ड कुण्डू एस. एस. (1987)। ट्री लिव्ज एज लाइव स्टाक फाडर, इंडियन डेरीमैन, 39 (8): 369–371।

त्रिवेदी वी. के. (2002)। ग्रासेस लैग्यूमस फॉर ट्रोपिकल पॉश्चरस, टेक बुलेटिन, आई. जी. एफ. आर. आई., झाँसी।

चौबे आर. एन.। फोरेज क्रोप्स फॉर डिफरैन्ट रीजनस ऑफ द कन्ट्री, देयर प्रौडक्टिविटी एण्ड फीडिंग वैल्यू इन बफैलो प्रौडक्शन अण्डर डिफरैन्ट क्लाइमैटिक रीजन (एड़, एस. एस. कुण्डू, ए. के. मिश्रा, पी. एस. पाठक, आई. सी. ए. आर., आई जी. एफ. आर. आई झाँसी, पृष्ठ सं. 351–369।

हाजरा सी. आर. 1993। इम्प्रुव्ड वैराइटीज ऑफ फोरेज क्रोप्स एण्ड देयर प्रौडक्शन

पोटेन्शियल सोवेनीर, आई जी. एफ. आर. आई. झाँसी, पृष्ठ सं. 21–25।

हाजरा सी. आर. 1995। एडवान्सस इन फोरेज प्रौडक्शन टैक्नोलोजी, प्रोजैक्ट कॉरडीनेटर (फोरेज क्रोप्स), आई जी. एफ. आर. आई. झाँसी।

रीलवानी एल. एल. 1979। फोडर क्रोप्स एण्ड ग्रासिस, आई. सीकृ ए. आर. नई दिल्ली।

मलकानिया एन. पी. 1999। प्रौडक्शन टैक्नोलोजी फोर पोटेन्शियल रवि फोरेजस, टैक्नीकल बुलेटिन आई. सीकृ ए. आर. नई दिल्ली।

मलकानिया एन. पी. 2001। प्रौडक्शन टैक्नोलोजी फोर पोटेन्शियल खरीफ फोरेजस, टैक्नीकल बुलेटिन आई. सीकृ ए. आर. नई दिल्ली।

शुक्ला मेहिंलाल, एन. पी. त्रिपाठी एस. एन., श्रीनिवासन बी. एस., निरंजन के. पी., गुप्ता एस. डी. एण्ड आर्या आर. एल. 1994। फोरज प्रौडक्शन टैक्नोलोजी, आई जी. एफ. आर. आई. झाँसी।

मेहिंलाल, सिंह आर. पी. एण्ड त्रिपाठी एस. एन. 1995। इम्पोरटैन्ट फोडर क्रोप्स ऑफ इण्डिया एण्ड देयर कल्टीवेशन इनः फोरेज प्रौडक्शन एण्ड यूटिलाइजेशन, आई जी. एफ. आर. आई. झाँसी, पृष्ठ सं. 44–59।

पाठक एन. एन. एण्ड जखमोला आर. सी. 1983। फोरेज एण्ड लाइवस्टोक प्रौडक्शन, विकास पब्लिकेशन हाउस प्राइवेट लिमिटेड, नई दिल्ली।

सिंह आर. पी., मेहिंलाल एण्ड शंकर विनोद 1995। फोरेज प्रौडक्शन इन इण्डिया पास्ट, प्रजैन्ट एण्ड फ्यूचर, इनः फोरेज प्रौडक्शन एण्ड यूटिलाईजेशन, आई जी. एफ. आर. आई. झाँसी, पृष्ठ सं. 1–18।

त्रिपाठी एस. एन. 1990। प्रिंसीपल एण्ड प्रैक्टिसस ऑफ फोरेज क्रोप प्रौडक्शन लैक्चर नोट समर इंस्टिटयूट ऑन 'फोरेज प्रौडक्शन टैक्नोलाजी', ओरगेनाईज्ड एट आई जी. एफ. आर. आई. झाँसी, 2–21 मई, 1990, पष्ठ सं. 26–30।

OOO